化学固沙
关键技术研究与应用

◎ 温学飞 著

中国农业科学技术出版社

图书在版编目（CIP）数据

化学固沙关键技术研究与应用／温学飞著 . —北京：中国农业科学技术出版社，2018.12

ISBN 978-7-5116-4001-7

Ⅰ.①化… Ⅱ.①温… Ⅲ.①化学-固沙-研究 Ⅳ.①S288

中国版本图书馆 CIP 数据核字（2018）第 288150 号

责任编辑	闫庆健　陶　莲
责任校对	李向荣

出 版 者	中国农业科学技术出版社
	北京市中关村南大街 12 号　邮编：100081
电　　话	（010）82109705（编辑室）　（010）82109704（发行部）
	（010）82109709（读者服务部）
传　　真	（010）82106625
网　　址	http：//www.castp.cn
经 销 者	各地新华书店
印 刷 者	北京建宏印刷有限公司
开　　本	710mm×1 000mm　1/16
印　　张	8.125
字　　数	132 千字
版　　次	2018 年 12 月第 1 版　2018 年 12 月第 1 次印刷
定　　价	48.00 元

项目资助

1. 世界银行贷款宁夏黄河东岸防沙治沙项目"柠条林的经营和可持续利用研究"（P121289）

2. "全国退耕还林工程生态效益监测（宁夏）"项目

3. 宁夏回族自治区全产业链创新发展项目"宁夏多功能林业分区域研究与示范"（QCYL-2018-12）

前　言

化学治沙始于 20 世纪 30 年代，最初是由沙漠中的钻井工人和勘探人员为了保证生产的正常进行和保护设备与人员的安全而把原油喷洒到沙丘表面产生的。化学治沙技术是指在风沙环境下，利用化学材料及工艺，在易发生沙害的沙丘或沙质地表建造一层具有一定结构和强度的能够防止风力吹扬同时又可保持水分和改良沙地性质的固结层，以达到控制和改善沙害环境、提高沙地生产力的目的。由此可见，化学固沙技术，包含了沙地固结技术和保水增肥两大内容，它和植物固沙相结合可大大提高植物的成活率。化学固沙可机械化施工，简单快速，固沙效果立竿见影。尤为适宜于缺乏工程固沙材料和环境恶劣、降雨量稀少、不易使用植物固沙技术环境恶劣的地区。

针对目前国内众多的化学固沙剂种类，通过对众多化学固沙剂固沙性能和效果进行检测，分析化学固沙剂基本性质，了解化学-生物固沙对退化沙地综合治理效果，筛选出比较适宜的固沙剂品种，以期制定科学的化学-生物固沙技术，为工程治沙提供技术依据。本书是课题组成员集体努力的结果，也是多年辛勤工作的成果。本书内容集成了自治区科技支撑项目"化学固沙剂对退化沙地治理技术研究"、宁夏农林科学院自主研发项目"化学固沙剂对植物生长及土壤环境影响"和自治区自然基金项目"化学固沙剂的固结层固化性质的研究"三个项目的主要成果。就化学固沙剂的基本特性、固沙技术、固沙工程实践及固沙机理等进行全面系统的总结。

在整个试验研究过程中，特别感谢科技厅社发处田建文处长大力支持并给予指导，感谢宁夏大学农学院许冬梅教授给予诸多的帮助与建议，以及修改；感谢荒漠化所全体同事以及项目组成员等给予的热心帮助，从野外数据的采集、室内样品的分析到数据处理，都付出了艰辛的劳动和努力。感谢陶莲编辑对于本书的悉心审稿、编辑。最后，感谢我的父母、爱人和儿子，在我人生的道路上始终默默支持我，鼓励我，感谢他们这些年为我付出的一切，亲人的激励使我在今后工作、生活中继续努力！本书成书时间仓促，不妥之处和疏漏，敬请各位同仁批评指正。

著者

2018 年 12 月

内容简介

化学固沙就是利用化学材料与工艺,对风沙危害地区易产生沙害的沙丘或沙地进行喷施化学固沙剂,使化学固沙剂与沙粒之间相互作用形成一层固结层。固结层既能防止风力吹扬沙粒,又能保持水分和改良沙地,从而达到控制和改善沙害环境,提高沙区土地生产力的作用。通过对众多化学固沙剂固沙性能和效果进行检测,分析化学固沙剂基本性质,了解化学-生物固沙对退化沙地综合治理效果,筛选出比较适宜的固沙剂品种,以期制定科学的化学-生物固沙技术,为工程治沙提供技术依据。

(1)不同固沙剂固结层保水性均较对照高,且以旱宝贝、威海、北京和大连效果较好。旱宝贝和威海固沙剂耐水性及抗风蚀效果最好,水稳定性、溅蚀、浸水干后强度最大,固沙效果最好。文安和石家庄固沙剂抗风蚀效果较差。

(2)性能优良的化学固沙剂,喷洒后沙面固定层有一定强度;较高的浸水干后强度体现良好的长期固沙能力;优良的化学固沙剂具有一定的耐老化性,保证经历严酷的夏季而不至太快失去固沙性能。以北京、旱宝贝、文安和威海四种固沙剂最好。

(3)固沙剂可以保存一定的土壤水分,利于植物种子的萌发和出苗,且随着固沙剂喷施量的增加,植物出苗时间有所增加。同一固沙剂不同浓度或不同固沙剂同一浓度对小叶锦鸡儿凋萎时间的影响不同,施用浓度越大,凋萎时间越长。

(4)施用任丘固沙剂小叶锦鸡儿出苗率最高,文安出苗率最低,其他固沙剂小叶锦鸡儿的出苗率与对照比较接近。不同时间施用固沙剂对小叶锦鸡儿出苗也产生影响,8月施用固沙剂的小叶锦鸡儿出苗率较6月高,6月和8月施用固沙剂后小叶锦鸡儿株高、凋萎时间的趋势均一致。

（5）任丘的化学固沙剂红外光谱图中，只在 $1100cm^{-1}$ 附近有一强吸收峰，该产品中的主要成分可能是无机物。固结层 $3300\sim3400cm^{-1}$ 处出现 -OH 伸缩振动吸收峰，任丘固沙剂与沙土反应形成的固结层有羟基基团在发生重要的作用。不同化学固沙剂形成的固结层红外光谱图除 $3300\sim3400cm^{-1}$ 处 -OH 伸缩振动吸收峰有变化之外，其他部分与沙子的红外光谱图相似。其中，北京、威海的化学固结层 $3300\sim3400cm^{-1}$ 处 -OH 伸缩振动吸收峰消失。大连、文安和石家庄基本不变，但羟基发生一定的变化。固沙剂中含有一定量的聚乙烯醇。

（6）运用层次分析法和熵值法，建立化学固沙剂引进筛选评价指标。7 种化学固沙剂综合得分高低排序为：旱宝贝（56.6667）＞威海（11.6866）＞大连（11.2003）＞北京（8.2532）＞文安（6.3373）＞石家庄（5.8606）＞任丘（4.9667）。

（7）固沙植物撒播、条播后喷施不同剂量化学固沙剂均能提高出苗率。小叶锦鸡儿条播比撒播提高 4.12~7.95 倍，杨柴条播比撒播提高 0.93~4.36 倍。

（8）应用固沙剂后对植物群落优势度造成一定影响，各处理猪毛菜、雾冰藜优势度降低，油蒿、蒙古虫实、沙米、小叶锦鸡儿、杨柴优势度增加；应用固沙剂后对植被的生长具有促进作用，不同处理植物群落高度、盖度、生物量均高于对照，其中以 40kg/亩（1 亩 $\approx$ 667m^2，全书同）处理最好。物种多样性以 30kg/亩最高，以 50kg/亩最低。

目　　录

1 文献综述

1.1 沙漠化形成的过程

沙漠主要是指干旱缺水，植物稀少的地区，土地表面完全被沙所覆盖，该区域大多是沙滩或沙丘，沙丘之间有面积不等的丘间低地相互连接，构成了连绵起伏的浩瀚沙海。沙漠对人类造成极大的危害，首先包括风本身对风沙区的农作物、牧草，道路、工程以及人类居住环境等造成很大的损害和经济损失；其次，是指风力作用对干旱区域的特别是疏松沙质的侵蚀，细小沙土的搬移、输送以及沉积，沙丘的形成、发育和移动。沙漠的形成、发展与变化，可以说是由于多种因素共同作用的结果。

沙漠的形成（图1-1）：主要是由于自然与社会两方面的作用。自然因素主要由当地特定的地质地貌、独特的气候以及地球运动等作用；社会因素主要是人类在从事生产过程中，追求最大经济效益，过度的生产活动，破坏了当地的生态系统，造成脆弱的生态系统严重失衡。自然因素与社会因素对沙漠的形成作用各有不同：其中，自然因素是起主要的作用，也是沙漠形成的基本因素；社会因素是起到次要作用，对沙漠的形成是次要因素。但是，在一定时空内，往往人类的社会生产活动所造成的后果远比自然变化过程中作用更直接与更剧烈的多。沙漠化主要是发生在脆弱的生态系统下（半干旱及干旱生态系统），由于人为过度的农牧业生产活动，破坏其平衡。过度的人为活动作用下，流沙开始出现，并呈斑点状扩大分布，在风力的作用下沙丘不断前移，并且入侵草地、农田以及道路。土地沙漠化的成因尽管是以人为农牧业生产活动作为诱导因素，但也有潜在的气象和地质等多种自然因素作为其发生的动力基础，只有两方面的结合才能造成干

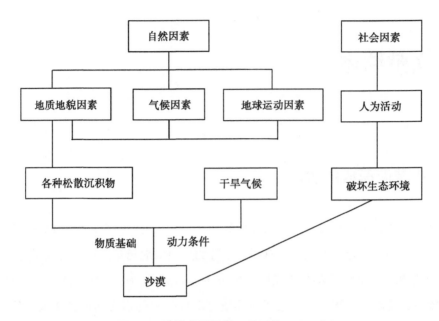

图1-1 沙漠成因示意（赵正华，2006 年）

旱地区沙漠化向前的发生与发展。人与自然的关系是人类生存与发展的最基础的关系，干旱风沙区生态系统具有脆弱而易破坏的特性，人类生产活动对沙漠的形成以及演变产生了重要的作用，因此，在改造治理沙漠、开发利用沙漠过程中，必须尊重自然规律，利用自然规律，通过科学方法与技术手段来恢复和建立沙漠复合生态系统，掌握适度利用原则，从而实现人与自然的和谐共处可持续发展。

1.2 我国沙漠和沙地现状

我国荒漠化面积占全球荒漠化总面积的 7.5%，约占国土面积的 27.3%。我国大规模的沙漠考察研究工作是从 1957 年开始。根据王国强资料，中国现有荒漠化土地 $2.67\times10^6\,km^2$，占国土面积的 27.9%，其中风蚀荒漠化 $1.87\times10^6\,km^2$；土壤盐渍化 $1.73\times10^5\,km^2$；冻融荒漠化 $3.63\times10^5\,km^2$。荒漠化土地分布范围很广，从极端干旱地带到湿润地带，分布于 18 个省区 471 个县（旗）。另据朱震达资料表明：沙漠及沙漠化土地总面积为 $1.53\times10^6\,km^2$，其中沙漠总面积 $8.09\times10^5\,km^2$，

其中流动沙丘约 $4.41 \times 10^5 km^2$，约占总面积的54.6%。据原国家局1994年5月至1996年3月组织的全国沙漠化普查结果表明：沙漠、沙漠化土地及风沙化土地总面积为 1 714 179.03 km^2，占国土总面积的 17.85%，其中沙漠面积为483 217.755km^2；戈壁为 710 730.473km^2；风蚀残丘为 31 976.636km^2；沙漠化土地面积为 434 221.262km^2，占25.33%；风沙化土地面积为 54 032.913km^2，占3.15%。沙漠和沙漠化给我国农业、工业等生产活动、人民生存、生产、生活带来了严重的影响，目前我国约有3亿多人口遭受沙漠化的危害。同时目前我国沙漠化土地每年仍以 3436km^2 的速度在继续扩展（图1-2）。

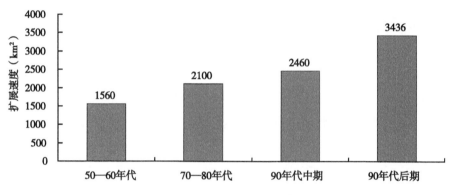

图1-2 20世纪我国沙漠化土地发展动态

1.3 土地沙化的危害

土地沙漠化不仅导致了土地的严重退化，而且也直接给农牧民造成了巨大的经济损失，它不仅是一个环境问题，还是一个社会、经济问题。沙漠化的危害及其产生的灾害将是持久和深远的，土地沙漠的危害主要体现在几个方面，一是直接造成农牧业的生产受到危害，衰退了土地肥力，土地生产力也在不断下降。我国耕地因沙漠化退化面积达到773.3hm^2，占整个沙区耕地面积的40%。由于风蚀现象，造成土壤有机质和养分损失严重，导致了土地生产力的严重衰退，个别地方亩产只有几十斤。另外，沙漠化还对牧业生产造成直接损害，同时，草地植被生物多样性受到损害，优质牧草减少，劣质牧草数量增加。二是给当地民众经济上带来的巨大损失，加剧贫困人口数量，是当地经济越来越落后。我国沙漠化地区社会经济主要以农牧业生产为主，沙漠化所造成的农田减产，畜产品质量下降，造成经济上的损失。三是缩小了民众生活的空间，我国北方干旱地区生态环境脆弱，在巨大的人口压力下，土地沙漠化问题较为突出。土地沙化缩小了我们原本就不充裕的生存空间，使数万农牧民被迫沦为生态难民。四是生态上的恶化，沙漠化形成破碎化和隔离化；同时也造成物种种群以及群落结构受到破坏甚至消失，结果就是物种生产能力降低，加剧了生态环境的恶化，从而造成对环境的进一步破坏。

1.4　沙漠化的综合治理

土地沙化是影响人类实现可持续发展的十大环境问题之一。人类只有采取包括社会、经济、法律、技术措施在内的综合措施体系，才能有效地预防和防治土地沙化。国内外学者将治沙措施分为生物固沙、工程固沙（机械）措施和化学固沙措施三大类。按照使用材料的不同，固沙技术分为三大类，即通常所说的物理固沙、化学固沙和植物固沙。目前，固沙常用技术主要有工程（或物理、机械）固沙、植物固沙、化学固沙及综合固沙。

固沙主要技术有以下几类：

1.4.1　工程固沙

工程固沙通常采用机械材料在沙丘或沙地表面设置各种形式的障碍物，俗称机械沙障。通常采用农业秸秆、卵石、塑料板等材料在沙面根据需要设置各种类型的障碍物。沙漠中沙丘的前移以及流沙的运动，都是风力作用的结果。各种沙障设置能够使沙地表面粗糙度增加，直接影响近地表气流，从而控制了风沙流动的方向、速度以及结构，改变风蚀、沙埋的状况，阻滞了流沙移动的速度，从而防止风沙危害。

1.4.1.1　铺设草方格，建立立体栅栏

材料是风沙危害治理工程的基础，由于沙漠地区的特殊环境条件，工程固沙

所需要的机械沙障，由于运输、成本、经济等问题，难以快速解决，给工程固沙带来一定的困难。因此，设置沙障主要是以就地取材较为普遍。在宁夏，沙漠地区距离农业区较近，农业副产品的麦草、稻草以及树枝等可以直接用来制作沙障。通过在沙丘表面设立不同的沙障的方法来改变下垫面风沙运行方向，并增加沙地表面的粗糙度，均能起到固定流沙移动，减轻风沙侵蚀的危害。这些技术既可以单独应用又可以组合运用，主要依据沙漠中沙丘形成规律以及危害程度加以选择应用。草方格沙障是应用当地的麦草、稻草等农作物秸秆材料直接用铁锹将其一半插入沙层内，一半外露在沙丘表面上，呈方格状的半隐蔽式沙障。

1.4.1.2 引水拉沙

该技术主要依靠沙区水源地比较近的地方，通过人工引水或机械提水冲拉沙丘，把沙丘推平等措施改造沙丘为田地，就叫引水拉沙造田。造田一般应选择水源充足的地区，拉沙造田的田块应规划在低于水源地下游和渠道附近地形开阔之处。需要改造成田的地方，首先要对水渠的布置科学合理，最好以先远后近，先高后低的原则，并做到与地形地势结合，以便保证整块田地的平整，便于作业生产。总之，拉沙造田应根据沙区具体情况，因地制宜，灵活布局。

1.4.2 植物固沙

植物治沙主要是在沙漠地区进行天然植被的管护抚育和更新利用，以及人工种固沙植物，有效巩固和扩大沙漠地区植被覆盖度，减少风沙的危害，同时也提高了土地的生产力水平，达到除害与兴利相结合的目的。植物治沙措施主要包括飞播植物固沙、防风固沙林带固沙、封沙育林育草固沙和荒漠藻类固沙等。

1.4.2.1 飞播植物固沙

飞播是利用飞机将预先处理好的固沙植物种子撒播在地表，使植物种子在自然条件发芽、成活、生长。飞播造林主要是在视野开阔，水分条件较好的大面积荒山、荒沙之上、广泛采用的固沙措施。飞播造林区域范围由年降水量 300～400mm 的半干旱扩展到年降水量 100～200mm 的干旱区。飞播固沙可以有效改善沙区生存、生活和生产环境，也促进了沙区农业的发展。飞播2~3年后，播区已成为优质灌丛牧场和固沙植物采种基地。目前在半干旱区，飞播是固定流沙的一种有效手段。我国飞播治沙始于1958年7—8月，先后在陕西、甘肃、青海、新疆维吾尔自治区（全书简称新疆）、内蒙古自治区（全书简称内蒙古）、宁夏6省区的沙区进行飞播造林种草试验。1974年，国家组织科技人员重新在毛乌素沙地东部榆林开展流动沙地飞播试验并取得了成功。通过多年试验实践积累，目前，我国已经形成了一套较成熟的飞播固沙技术。

1.4.2.2　防风固沙林带固沙

农田防护林是防护林的一种主要类型。凡是以一定的树种组成和结构，呈带状或网状配置在遭受不同自然灾害（风沙、干旱、干热风、霜冻等）侵蚀的农田上的人工林，称为农田防护林。在农田防护林的作用范围内，由于风速的减弱可以有效减少风沙的侵害。其次，能够减少近地表层的气温和土壤温度的变化，为农作物生长提供良好的生长环境。根据农田、水路、树林和道路总体规划，将农田防护林的主要林地配置成纵横交错的网状，即农田林网化。以农田林网为骨架，结合"四旁"植树、小片丰产林、果园、林农混作等形成完整的人工平原森林植物群体，即农田防护林体系。农田防护林是防护林的主要林种之一，是生态农业建设的重要内容。从20世纪50年代初开始，我国在西北、内蒙古等沙化地区大量营造农田防护林，40余年来农田防护林在防止风沙危害等方面发挥了重要作用，取得了显著的生态效益、经济效益和社会效益。

1.4.2.3　封沙育林育草固沙

封沙育林育草就是在生态脆弱沙地原有植被遭到破坏或有条件生长植被的地段，设置围栏将退化沙地围封起来，并根据植被生长状况合理利用，达到可持续发展，以促进天然植被的更新和恢复。在我国干旱风沙区，封育是常用的措施，通过封育后几年内即可使流沙地达到固定、半固定状态。沙化地区生态环境脆弱，人口普遍超过生态环境容量，加之生产经营方式落后，滥开垦农田、滥过度放牧、滥采伐薪柴现象普遍，不合理的人类活动往往对天然植被造成很大破坏，对沙化的发生与发展起了极大的推动作用。20 世纪 50 年代以来，我国西北地区把"封沙育草，保护天然植被"作为防沙治沙的重要内容之一，并取得了显著成效。但后来由于种种原因，放松了对荒漠林和天然沙生植被的管护工作，使其屡遭破坏，其中以 60—70 年代破坏最为严重，以至于出现了"边治理，边破坏，治理赶不上破坏"的状况。80 年代以来，随着"三北"防护林体系建设工程的开展，封沙育林育草被放到应有的地位，给予植物以繁衍生息的时间，滥开垦农田、滥过度放牧和滥采伐薪柴现象在一定程度上得到了控制，使很多地区天然植被逐渐恢复，部分地区沙化扩展速度开始减缓。

1.4.2.4　荒漠藻类固沙

植物群丛的固沙作用，使得流沙表面大量地出现微生物及藻类形成的沙结皮，这些沙结皮呈紧密、层状结构，厚 1cm 左右，有黏性，抗风力很强。沙结皮固定沙表的面积超过了灌木群丛，占据了植物体之间的空地，起着十分重要的生态作用，藻类是植物群落演替时最初阶段的先锋植物。研究认为，目前较适合沙漠地区条件的藻类有小球藻、蓝藻及螺旋藻等。这些藻类既有形成沙结皮固沙的生态作用，又有作为食品等获得的经济效益，而且便于人工培养，是今后沙漠地区发展的重要产业。沙表土样中的蓝藻具有较厚的胶鞘保护壳，从而保证它能在干旱地区生长发育，这也是它耐高温的基本因素。当前，国内外专家们正致力于利用藻类结皮与草、灌、乔木相配合，来营造结构优良的防风固沙生态系统，探索建立荒漠化生物综合治理的新模式。

1.4.2.5　农业生产中的防沙治沙技术

除上述四种技术措施外，在生产实践中已经探索总结出许多农业生产的防沙治沙成功经验，包括播种技术措施、耕作技术措施、田间管理措施以及种植方式等。这里以耕作技术措施为例，在开垦分布面积较大的覆沙地时，首先通过深翻耕，使土地上层沙与下层黏土掺和，既可提高土壤的通透性，起到为土壤透水、透气、保水、保肥的作用，同时又可以控制新垦沙荒地的土壤风蚀现象，减少土壤肥力的损失。乌兰布和沙漠北部垦区未采取翻沙改土措施前由于风蚀强烈，毁种毁苗达 80%~90% 以上；翻沙改土后，土壤风蚀量降低了 50% 左右，土壤物理黏粒含量增加，小麦产量增长近 6 倍。又比如灌区夏秋作物比重较大，收获后如何防止裸露耕地风蚀、保持肥沃表土和墒情，是沙土耕作的重要问题。横对主风向翻耕，可以增加地表粗糙度，对防止土壤风蚀有一定作用。实行秋灌或伏灌的沙土耕地，耕后耙碎大土块，使地面保持大量小土块，既解决了土块过大容易跑墒的问题，又可避免因土块过于粉碎而造成土壤风蚀。

1.4.3 化学固沙

化学固沙始于 20 世纪 30 年代。化学固沙就是利用化学材料与工艺，对风沙危害地区易产生沙害的沙丘或沙地进行喷施化学固沙剂，使化学固沙剂与沙粒之间相互作用形成一层固结层。固结层具有以下功能：一是防风蚀、沙埋，固定了流沙的移动；二是减少土壤水分蒸发，保持土壤水分；三是改良沙地土壤，提高土地生产力；四是有利于促进化学固沙与植物固沙的结合。

1.4.3.1 国外化学固沙情况

化学固沙从 20 世纪 30 年代中期产生到现在，已有 80 年的历史，但真正取得较大进展和较多的应用，还是从 60 年代开始的，迄今也不过将近 50 年的时间。世界上已经有 46 个国家研制出 100 多种化学固沙试剂。化学固沙是随着干旱、半干旱地区工业、农业、牧业、交通、居民点以及军事基地的发展与建设的需要和石油工业、化学工业的发展而产生发展起来的，而且今后它将随着石油工业、化工工业和交通运输业的继续发展而得以迅速发展，并在沙漠治理工作中发挥其更大威力。

前苏联首先开展化学固沙试验研究，采用的试验材料为沥青乳剂，研究工作开始于 1934 年，1935—1940 年在前苏联作物栽培研究所威海试验站共进行 13 次试验；1951—1952 年再次在土库曼的法烈里林管区、阿什哈巴德铁路沿线、第聂伯河下游的丘鲁平斯克保护区和大库斑林管局的铁路和耕地附近进行试验。两次累计喷洒面积达 62.18hm^2。1959 年采用聚丙烯酰胺在库尔斯克沙地进行化学固沙试验。1969—1972 年采用页岩炼油副产物涅罗森分别在卡拉库姆沙漠和克齐尔库姆沙漠进行固化学沙试验。

美国是在 20 世纪 40 年代末期开展化学固沙研究。1950 年首次在美国加州的科思郡应用石油副产品乳剂开展化学固沙试验，随后又进行了几次防尘和固沙试验。近年来还将此乳剂作为防尘材料运在露天煤矿和汽车运输便道。后又有一些土壤学家对 30 多种有机和无机材料进行防尘试验中取得了大量研究成果。

英国于 1960 年以配合植树造林采用沥青乳剂进行化学固沙试验，1963 年，在英格兰东部应用石油和橡胶乳复合固沙试验，成功地防止海岸沙丘的风蚀和水蚀。20 世纪 70 年代以来，一种化学固沙方法——AS 流沙固定技术因可以固定大面积因修筑公路等形成的流沙和两侧斜坡受到美国、日本、澳大利亚、以色列、苏联等国家得到青睐。AS 固沙剂溶液喷洒在流沙上，可以形成稳定性和抗风性比较理想的凝聚型结构，使流沙固结成片，有效增加土壤保温性能，提高土壤水分，减少蒸发，为沙漠沙生植物的生存和生长创造了良好的生存环境，从而显著提高沙生植物的发芽率和成活率。

20 世纪 60 年代以后，由于一些石油资源丰富的沙漠国家对化学固沙技术的重视。这项技术得到了进一步的发展和应用。例如：伊朗采用石油产品覆盖流沙技术，自 1968 年开始大规模的进行石油固沙，并建立了林业草场局的石油固沙队，专门实施此项工作，已在全国 11 个省建立了 60 多个固沙基地，加速流沙的固定；沙特阿拉伯也开展了石油产品固定流沙的工作，并在阿黑巴建立了专门的公司，自 1977—1987 年已经固定流沙 600 多公顷；利比亚利用化学固沙配合栽植阿拉伯桉树和胶树，树木生长良好，已营造起一条 50 余千米长的林带。

埃及利用化工废料中提取的聚合物固沙保湿剂，应用于当地农作物种植，起到良好的保护作用。比利时研制的油状沥青乳化保湿剂，促使沙土长时间蓄水保墒，达到固沙防风的目的，促使固沙植物的生长。卡拉库姆东南的列彼捷克沙漠试验站喷洒沥青乳液和页岩、焦油以固定流沙在布哈拉、乌拉尔和中亚天然气管道线两侧，有效地防止了铁路沙害。突尼斯结合培育饲林，在流沙固定后栽植松、柏、柳、桉树等试验了各种化学固沙方法。

1.4.3.2 国内化学固沙研究概况

我国开展化学固沙试验研究是从 1956 年开始进行了一系列综合性化学固沙

研究工作，并取得了一定的研究成果。比如在包兰铁路的沙害地段及塔里木沙漠石油公路的试验路段，都进行过较大面积的化学固沙扩大试验和中间试验。1966年，原中国科学院兰州沙漠研究所在兰新铁路大风地段和新疆觉罗塔格山北坡等地进行了流动沙丘的化学固沙试验，试验材料主要是乳化沥青、造纸废液和水玻璃。20世纪80年代初，他们又在包兰铁路沙坡头试验站开展了乳化沥青（改性）、聚乙烯醇和聚酯乙烯乳液等多种化学固沙液的流沙固定试验。并于1982—1992年间在包兰铁路沿线进行了大面积的喷洒乳化沥青同时结合栽种固沙植物的"化学-生物固沙"试验研究。这一系列的试验都取得了成功：在经受了多年的风沙流侵蚀的考验后，固结层基本完好，沙面风蚀并不显著，也未被外来流沙所掩埋，起到了防治沙害的作用。在固沙液所加固的沙丘上，栽种的沙生植物的成活率可达70%。

1968—1970年，原铁道部铁道科学研究院西北研究所与呼和浩特铁路局合作，在位于乌兰布和沙漠边缘的包兰铁路 k_{375} 和 k_{369} 地段进行了化学固沙试验：在13万平方米的沙漠上喷洒木质素磺酸盐乳化沥青，并同时结合沙生植物的种植。经过3~5年后，固结层开始破碎，但固沙植物在化学固结层的保护下，存活率达80%，取得良好固沙效果。1982—1986年，他们又在包兰铁路线的 k_{381} ~ k_{386} 地段，进行了乳化渣油结合沙生植物的固沙试验，同样取得了很好的效果，固沙植物存活率在60%以上。

化学固沙新材料的开发研制工作在进入20世纪90年代后更是取得了显著的成绩，当然也暴露出一些问题有待解决。如90年代初在克拉玛依油田利用类似水泥的水硬性胶结材料进行公路固沙，虽然取得了一定效果，但难以恢复植被。另外，1995—1997年，中国农业科学院土壤肥料研究所与石油大学重质油研究所以及燕山石化公司研究院合作应用乳化沥青固沙效果，与其他类似固沙材料相比降低了50%左右，而且无毒害、无污染。

1.4.3.3　化学固沙材料的分类

化学固沙材料种类很多，按其化学组成来分，主要有无机固沙材料、有机固沙材料及有机-无机复合固沙材料3类。无机固沙剂包括了水泥和水玻璃两大类；

有机固沙剂主要是由石油类产品、高分子化合物和一些生物、造纸废弃物再利用等。由于科技的发展，以及技术的进步，必然会有更多实用的新型固沙剂产品出现，来满足土地沙漠化治理的需求。

（1）无机固沙剂。

①水泥类沙土固沙剂。此类固沙剂喷施在沙地上后因水分快速蒸发，无法完全水化，所生成的水化物量很少，只能凝结固化后形成薄且强度低的固结层。但固结层容易干缩和龟裂，因此现阶段很少单独使用。

②硅酸盐固沙剂。硅酸盐材料成本相对低廉，同时对人体健康无危害，对环境也无污染。用氟硅酸钙、硅酸铝（氟硅酸钙作为固化剂，粉状硅酸铝作交联剂）制成的固沙剂，具有较强的耐候性和耐紫外线辐射性，但固结层较脆、韧性差，大面积推广有一定困难。

③石灰类沙土固沙剂。此类固沙剂在国内外都有广泛应用，其主要特点就是固沙效果好、施工简便等。研究表明，用石灰加固黏土、腐殖土及酸性土等要比应用水泥固沙效果要好。将生石灰、硬石膏、硫酸钠和硫酸铝混合粉磨制成的固沙剂比较适用于固化含水率25%以下的沙地，所固化的沙地土壤强度比用单纯用生石灰有较大幅度的提高。

④以矿渣或矿渣组合物为主体的沙土固沙剂。工业生产中矿渣与铬铁渣、磷渣、硅锰渣、粉煤灰及其他工业废渣组成一种混合的组合物。以这些矿渣组合物为主体原料，做到废物再利用，配合一些碱性激发素和表面活性混合物制成。与水泥固化相比，其抗渗、抗冻和抗化学腐蚀能力大大提高。

（2）有机固沙剂。高分子聚合物类固沙材料所特有的结构与性能使它成为荒漠化治理的首选固沙材料，这种固沙剂操作使用简便且效率高，其固沙效果较其他普通化学材料显著和稳定，具有良好的固沙应用潜力，从而引起了人们的广泛关注。高分子材料主要是通过物理或化学作用结合在沙土颗粒上，使沙粒胶结形成保护层（具有一定弹性、不易破碎的稳定体），达到稳定沙丘的目的。目前国内外现有的研究文献，所采用的高分子材料主要有丙烯酸树脂、聚丙烯酰胺、聚乙烯醇、磺化三聚氰胺脲醛树脂和高吸水树脂等。

①乳化沥青。乳化沥青在乳化剂作用下通过乳化设备制成的一种有机化合

物，由于其具有良好的黏结性、抗老化性和防水能力，并且成本较低，原料广泛，是当前世界各国应用化学固沙最广泛的材料。

②高分子聚合物。聚合物固沙材料是 20 世纪 60 年代以来随着化学固沙技术的不断深入而发展起来的新型化学固沙物质。聚合物属于水溶性或油溶性化学胶结物，由于其独特的结构和多样的功能成为人们关注的重点。使用聚合物固定流沙操作和施工简便，能缩短工期，其固沙效果较其他固沙材料显著和稳定，因此具有发展潜力。

聚丙烯酰胺（PAA）：由丙烯酰胺单体在光热或引发剂作用下掺入交联剂聚合而成的水溶性高分子化合物，通常有粉状和黏稠状水溶液两种形式，根据需要稀释或交联成合适浓度用以治沙。

聚乙烯醇（PVA）：由聚醋酸乙烯酯经皂化而得的白色高分子化合物。由于皂化程度存在差异，与亲水性的纤维素有很好的黏接力。另外，其机械性能也很好，是比较理想的治沙材料。

聚醋酸乙烯乳液（PVAc）：由醋酸乙烯酯经聚合而成的高分子化合物。由于聚合方法不同，所得产品可以是无色或白色黏稠液体乳胶或白色粉状固体，黏度较高，作为治沙材料需稀释后喷洒。

尿甲醛树脂：由尿素与甲醛缩聚而成的树脂性物质，可用冷法和热法制备，生成无色到浅色液体或白色固体，具有良好的黏结性，固化迅速，强度较高。

聚酯树脂：系二元或多元醇和二元或多元酸在高温下缩聚而成的高分子化合物。该材料形成的固结层强度很高，具有优良的耐久性，但价格昂贵，只能用于特殊要求的治沙目的。

聚氨酯树脂：是由二元醇与二元酸经缩聚生成的聚酯再与二异氰酸酯缩合而成的高聚物。该材料具有特性耐腐蚀性、低温性强的特性，并且有极高的强度，硬度比混凝土高数倍。但由于价格昂贵，一般只作特殊要求的治沙材料。

丙烯酸钙树脂：它是碳酸钙与丙烯酸反应的产物，为有机盐。它是一种白色水溶性粉末。在活化剂（过硫酸铵或硫代硫酸钠）存在下很快固化，强度很高，并且富有弹性，可以防止沙层的渗漏。但因价格比较高，使用受到限制。

合成丁二烯—苯乙烯橡胶乳：是一种合成高分子化合物粒子分散体，具有较高的黏结性，形成的固结层具有较高的延伸性和弹性，它不改变沙层的多孔性，而且透水性和吸水性都很高，该种性能是其他化学材料不可比拟的。

另外，有关资料对酚醛树脂、脲醛树脂、环氧树脂和改性呋喃树脂等也有报道，它们被用来进行固沙，但应用范围极小。

（3）有机—无机复合固沙剂。

①无机材料采用水泥和沙漠的沙子，有机材料采用乳化沥青。沙漠中由于相对湿度很低（<10%），良好的固沙剂应兼有保水性能。有机高分子聚合物-聚丙烯酸钠高吸水性树脂，对水的吸附既有化学吸附，又有物理吸附，具有优异的吸水保水性能，能够缓慢释放水分，对于沙漠中固沙植物的生长具有积极意义，所以，在混合材料中掺加少量。通过有机材料和无机材料的复合，达到优势互补，提高了固沙材料的固沙性能。

②水玻璃浆液具有价廉、无毒的优点，但在固定流沙时固结层容易疏松破裂，并且渗透性也不好。目前科研工作者致力于各种改性水玻璃浆液的研究，希望改性后的复合水玻璃固沙剂，具有良好的固沙效果。通过对水玻璃添加有机材料、无机胶凝材料进行复合，获得了适于喷洒施工的液态复合水玻璃浆液固沙剂。

2 化学固沙剂性质及固结层的基本特征研究

化学固沙就是利用化学材料与工艺，对风沙危害地区容易产生沙害的沙丘或沙地进行喷施化学固沙剂，使化学固沙剂与沙粒之间相互作用形成一层具有保护作用的化学固结层。固结层既能防止风力吹扬沙粒，又能保持水分和改良沙地的性质，从而达到控制和改善沙害环境，提高沙区的土地生产力。固结层通常具有5个方面的作用：黏结作用、表层覆盖作用、水化作用、胶凝作用和聚合作用。通过对化学固沙剂固结层的耐水性、保水性、风蚀性等工程性质进行研究，充分了解化学固沙剂的性能，为引进与筛选优良固沙材料评价提供理论依据。

2.1 宁夏风成沙的性质

根据彼得洛夫（1950，1973）等人的研究，中亚沙漠风成沙基本上是由 0.25~0.1mm 的细沙组成，粉粒和黏粒含量极少，总含量不超过 1.5%~2.0%。我国内陆沙漠，根据不同地方风成沙的分析，颗粒组成见表 2-1。

表 2-1　我国土粒分级标准

粒径名称		粒径（mm）
石　块		>3
石　砾		3~1
沙　粒	粗沙粒	1~0.25
	细沙粒	0.25~0.05
粉　粒	粗粉粒	0.05~0.01
	中粉粒	0.01~0.005
	细粉粒	0.005~0.002

（续表）

粒径名称		粒径（mm）
黏　粒	粗黏粒	0.002~0.001
	细黏粒	<0.001

风成沙的粒度成分主要由细沙组成，粗沙和粉沙含量都很少，粒级比较集中，分选较好。但各个沙漠的风成沙，因沙源物质不同，在粒度成分上也还是有差别的。宁夏主要沙漠、沙地风成沙粒度成分见表 2-2。

表 2-2　宁夏主要沙漠沙地沙的粒度成分统计　　　　　　　　（%）

沙漠、沙地	极粗沙	粗沙	中沙	细沙	极细沙	粉沙	平均粒径	分选系数	沙洋数目
腾格里沙漠	0.01	1.60	6.61	86.88	4.90	—	0.165	1.33	33
河东沙区	—	0.13	17.99	75.05	6.16	0.67	0.180	1.20	44
毛乌素沙地	—	3.20	41.20	47.30	8.30	—	0.234	1.27	15

2.1.1　项目试验沙粒分析

2.1.1.1　野外直接人工采集沙粒粒径分析结果

在盐池沙泉湾平缓沙地沙丘上，采集沙丘表面 5cm 的沙土样，采用机械筛选法，对流动沙丘表层的沙粒进行了分级，根据每种级别的沙粒占该样品总重的百分率进行折算后，得图 2-1。对比可知，流动沙地粒径主要以 0.098mm 左右为主。

2.1.1.2　风蚀过程集沙仪收集沙粒粒径分析结果

采用集沙仪测定法，观测时，沙尘暴开始前，将集沙仪放置到野外待测区域后，待风蚀过程结束，收回整个集沙仪，对每个集沙袋进行逐一取样分析。将各集沙仪不同监测高度收集截获到的沙粒用感量 0.001g 的天平称重，获得各处理高度的输沙量。将样本带回室内分析沙尘粒径和集沙量。

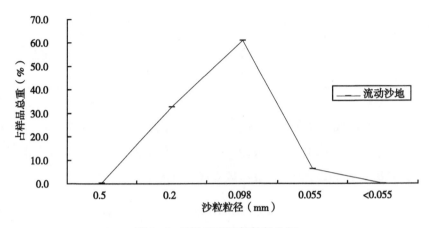

图 2-1　流动沙丘沙粒粒径分析

对集沙仪测得的不同景观地貌地表以上 0～60cm 高处沙粒粒径筛选分级表明（图 2-2）：流动沙地沙粒粒径也均以 0.098mm 左右为主。参照"我国土粒分级标准"（表 2-1，中国土壤，1990），可以看出，流动沙地以沙粒中的细沙粒组成（0.25～0.05mm）为主。

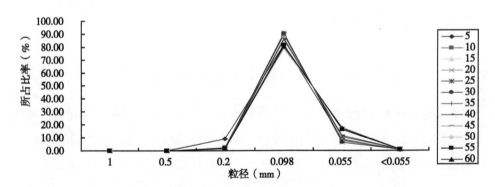

图 2-2　风蚀过程对不同监测高度流动沙丘沙粒粒径组成的影响

2.1.1.3　风蚀过程集沙仪收集沙粒粒径显微镜分析结果

将沙尘暴过后收集回来的沙粒样本，随机抽取 5g，利用可拍照的光学显微镜，从镜头中出现的最大颗粒，每次每镜头选择 5 个，每观测样累计选择 10 个，对比分析了流动沙地沙粒显微特征（图 2-3）。

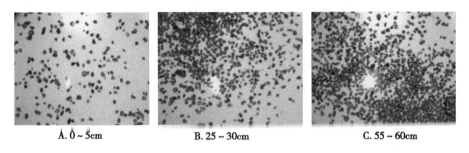

A. 0～5cm   B. 25～30cm   C. 55～60cm

图 2-3   不同监测高度流动沙地沙粒显微照

2.1.2 沙地土壤特征曲线研究

土壤水分特征曲线（*water retention characteristics*）是土壤含水量和土壤吸力之间的关系曲线。是获取其他土壤水动力学参数及土壤水分常数的基础，对研究土壤水分的有效性、土壤水分运动溶质运移等有着重要作用。水分特征曲线反映了土壤持水能力的强弱，也可以进行当量孔径分布和容水度的计算。由于土壤水分特征曲线影响因素较多、关系复杂，目前还不能从理论上推求出土壤基质势与含水量的关系。因此常采用实验方法测出数据后再拟合成经验模型。目前，测定土壤水分特征曲线的方法主要有沙箱法、张力计法、离心机法、压力膜仪法、砂芯漏斗法和平衡水汽压法等。压力膜仪法操作简单，精度高，国际上一般都承认这种设备所测定获得的数据。为了了解研究区沙地土壤特征曲线，本研究采用15Br 压力仪膜仪测定不同压力条件下的含水率，然后结合经验公式获得土壤水分特征曲线参数。

2.1.2.1 研究方法

压力膜仪的原理是用高压气泵（或者高压氮气瓶）向一个密封的容器中充气加压，压力范围可调，从 0～15bar，土壤样品置于其中，下垫滤纸，放在压力板上逐次加压，平衡后称出环刀加湿土的质量，最后放入烘箱在 105℃下烘干，得出干土重量，以此类推，可以得到土壤特征曲线。本研究主要研究扰动土壤样品的特征曲线，首先使用的圆孔筛去掉较大的石块，使直径小于 2mm 的土壤混合后，放于高度为 1cm 的环刀内；其次将待测样品放在陶土板上，并在陶土板上小心加水，使样品吸水 16h 以上，待测土壤样品达到充分饱和后，用吸管吸掉陶土板上多余的水分，将压力室组装好，然后调节压力调节阀，逐渐加到所需压力，平衡时间 24h，在出水管口放置一个小量筒，若量筒内水位长时间不变，则可认为达到平衡；最后在土壤样品平衡 24h 后，打开压力室立即称量土壤样品质量，并将最终样品放到烘箱内，在 105℃下烘干，计算各个压力下土壤含水量。

2.1.2.2 结果分析

用土壤水势来描述土壤水分的主要优点是土壤水势反映了土壤水分的能量状态，而不是简单的数量关系。以宁夏中部干旱带沙土和宁南黄土丘陵区黄绵土为实验对象，测定两类土壤在 0.3bar、0.7bar、1bar、3bar、5bar 和 8bar 压力下持水性能，测定结果如图 2-4 所示。

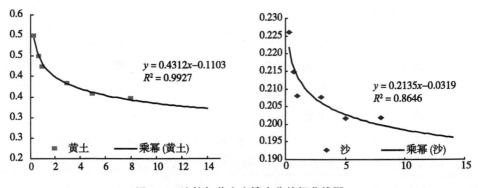

图 2-4 沙粒与黄土土壤水分特征曲线图

土壤在低吸力段（<2bar）范围内，土壤所能保持和释放出的水量取决于土壤中大孔隙的数量，主要是土壤毛管力起作用。土壤田间饱和含水量，即土壤在 0 压力状态下的最大持水量，沙地、黄土田间饱和含水量分别为 27.73% 和 51.22%；在低吸力段，由于沙地的非毛管孔隙度（>1mm）较黄土大，而毛管孔隙度（<1mm）较黄土低，在压力小于 2bar 条件下，沙地土壤持水量仍然小于黄土。在高吸力段（>2bar）土壤质地对水分特征曲线的影响较大，此时土壤吸力段主要取决于土壤质地，即土壤颗粒表面起吸附作用。当压力>2bar 时，沙地土壤持水能力仍然比黄土差，主要原因为沙地大颗粒含量高于黄土，而小颗粒数量远小于黄土，造成相同体积下，沙土土壤颗粒表面积远远低于黄土。由此可见，无论是低吸力还是高吸力下，由于沙土、黄土的孔隙度和土壤颗粒表面积的差异，导致沙地持水性能低于黄土。

2.2 化学固沙剂材料与方法

2.2.1 固沙剂来源

分别从河北、辽宁和北京等地引进 7 种化学固沙剂，其中固体 6 种，液体 1 种。为了便于对不同化学固沙剂认识，以化学固沙剂厂家所在地为其固沙剂简称，北京金元易生态技术工程中心生产的液体固沙剂简称为旱宝贝。

表 2-3　固沙剂来源及名称

生产厂家	商品名称	形态	简称
任丘市华北化工有限公司	固沙抑尘剂	固体	任丘
威海云清化工开发院	防尘固沙剂	固体	威海
大连爱华迪清洁剂有限公司	生态绿化固沙剂	固体	大连
石家庄天源淀粉衍生物有限公司	沙漠治理剂	固体	石家庄
文安县松阳化工有限公司	防沙固沙剂	固体	文安
北京金元易生态技术工程中心	生态高效抑尘剂	固体	北京
	旱宝贝	液体	旱宝贝

2.2.2 黏度测试试验方法

黏度是水溶性聚合物最重要的特征之一，对于固沙剂的应用有很大的影响。首先黏度会影响固沙剂的喷洒过程，选用喷洒加压泵与固沙剂溶液黏度密切相关，不同黏度的固沙剂溶液要求的加压泵出口压力不同；固沙剂溶液黏度除了对加压泵有影响外，还会对单位面积的喷洒量有直接影响，黏度小的固沙剂溶液会很快渗透到沙子颗粒间隙，特别是颗粒粒径较大时表现尤其明显，造成的结果是喷洒量过大，增加成本，在土层渗透能力强，但固结强度达不到预期目标。固沙剂的黏度越大，固沙强度较高，但在土壤下渗困难，聚集于土层表面，降低固沙效果，并影响植物的出苗率。其次，固沙剂溶液黏度随时间和温度的变化会影响固沙剂储存，如果固沙剂溶液的黏度随时间变大，而且这种黏度的增大幅度较大，那就会影响到固沙剂的储存；固沙剂溶液黏度随温度的变化会影响其在不同季节的使用和存放；另外，固沙剂溶液黏度变化对其制备过程也有直接的影响，如果在制备过程中溶液黏度很大，要求反应器的搅拌电机功率与其黏度值匹配。总之，固沙剂的黏度及其变化规律是固沙剂的最重要指标之一，与多种因素有关。利用涂-4黏度计测定的黏度是条件黏度，即为一定量的试样在一定温度下从规定孔径的孔所流出的时间，用秒表示。用以下公式可将试样流出时间秒（s）换算成运动黏度值（mm^2/s），XND-1型涂-4黏度计（上海昌吉地质仪器有限公司）。

$$t < 23s，t = 0.154\mu + 11$$

$$23s \leqslant t \leqslant 150s \text{ 时，} t = 0.223\mu + 6.0$$

式中：t——流出时间，s；

μ——运动黏度，mm^2/s。

涂-4黏度计的上部为圆柱形，下部为圆锥形的金属容器。内壁粗糙度为Ra=0.4。锥形底部有漏嘴。在容器上部有一圈凹槽，作为多余试样溢出用。黏度计置于带有两个调节水平螺钉的台架上。其材质有塑料与（中国涂料在线）金属两种，但以金属材质的黏度计为准。其基本尺寸是黏度计容器为100mL，漏嘴是用不锈钢制成的，其漏嘴长4mm±0.02mm，嘴孔内径4mm。黏度计总高度为72.5mm，锥体内部的角度为81°±15′，圆柱体内径49.5mm。

2.2.3　渗透性试验方法

通过固沙剂溶液的渗透性试验可以评价固沙剂固沙能力。试验采用下向渗透试验方法，首先将一定量的沙粒装入玻璃试管中，用玻璃棒捣实至上层无虚土，振动夯实使玻璃管中所装沙粒的深度大于18cm；最后用滴管分别吸取配合好的固沙剂溶液2mL，缓慢滴入装有沙粒的玻璃管中，并用秒表记录滴定时溶液渗透到0.5cm处所需要的时间和溶液最终渗透深度。以清水为对照，重复3次，取平均值。试验溶液的配比主要结合黏度值，几种固沙剂浓度在 1% 以上时固沙剂的黏度值过大，喷洒时直接堆在沙粒上面，基本不能入渗。为了便于测试，配比浓度都在 1% 以下。

2.2.4 耐水性试验方法

按照 40kg/亩称好固沙剂，流体固沙剂分别取 40L/亩，固体固沙剂均匀撒在沙堆表面，用喷雾器均匀喷洒 300mL 清水于沙堆表面，液体固沙剂溶于 300mL 水中再用喷雾器喷洒，对照只喷洒 300mL 清水。在试验室内室温 18℃，10d 后，待水分蒸发沙盘重量和喷施水分前重量一致，开始测定。

2.2.5 风蚀试验方法

按照 30g/m²、45g/m²、60g/m² 和 75g/m²（合 20kg/亩、30kg/亩、40kg/亩和 50kg/亩）四个梯度设计称好固沙剂，液体固沙剂分别取 30mL/m²、45mL/m²、60mL/m² 和 75mL/m²（合 20L/亩、30L/亩、40L/亩和 50L/亩），固体固沙剂均匀撒在沙堆表面，用喷雾器均匀喷洒 300mL 于沙堆表面，液体固沙剂溶于 300mL 水中再用喷雾器喷洒，对照 1 只喷洒 300mL 清水，对照 2 为裸沙。在试验室内室温 18℃下，固结层风干 10d 后，沙盘重量和喷施水分前重量相等，开始测定固结层风蚀效果。风蚀试验采用称重法。风蚀试验采用轴流式输风机风量为 3000m³/h，理论风速为 10.37m/s。风蚀前用风速仪测定风机风速，距离风机 20cm 前风速为 8.7m/s，风力达到 5 级（起沙风速）。风蚀盘放置风机前 20cm 吹 1h，1h 后测定风蚀盘重量。风蚀量 = 风蚀前重量−风蚀后重量，风蚀率 = 风蚀量/风蚀前重量×100%。

2.2.6 保水性试验方法

按照 60g/m²（40kg/亩）分别称好固沙剂，液体固沙剂取 60mL/m²（40L/亩），固体固沙剂均匀撒在沙粒表面，用喷雾器均匀喷洒 270mL 清水于沙粒表面，液体固沙剂溶于 270mL 水中再用喷雾器喷洒，对照只喷洒 270mL 水清水。室温 18℃，每天 10：00 称重，并记录沙盘总体重量，直至沙盘重量达到初始重量为止。

2.3 结果与分析

2.3.1 固沙剂渗透性试验

由于不同浓度的固沙剂乳液流体力学性质不同，所以喷洒到沙粒表面后都会有不同程度的渗透性质。要达到好的沙粒表面防护效果，喷洒到沙粒表面的固沙剂需要合适的渗透深度，固沙剂过多的渗透量会造成喷洒量的增大；而渗透深度太小，表层固化后形成的固化层抵抗风力的强度就会太弱（图2-5）。

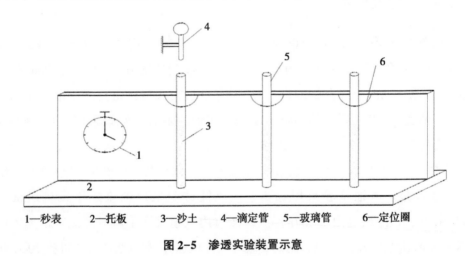

1—秒表　　2—托板　　3—沙土　　4—滴定管　　5—玻璃管　　6—定位圈

图2-5　渗透实验装置示意

2.3.1.1　不同固沙剂渗透0.5cm所需时间

在同等条件下，溶液渗透越快，说明固沙剂溶液的渗透性越好。液体的渗透速度与黏度有关，溶液黏度大，其表面张力大，溶液扩散速度受表面张力的作用而减小，表现为渗透速度变小。不同固沙剂渗透0.5cm时间（表2-4）：旱宝贝固沙剂浓度为1.6%时入渗时间为0.6s，比对照入渗时间多用了0.4s。其他固沙剂在浓度相同时，入渗时间也有所不同。浓度在0.1%时入渗时间为：文安（33.7s）>任丘（20.7s）；浓度在0.2%时入渗时间为：任丘（90.0s）>文安

（69.0s）。浓度在0.5%时入渗时间依次为：石家庄（12.3s）>威海（19.74s）>北京（21.0s）>大连（23.3s）。

表2-4　不同固沙剂渗透0.5cm深度时所需时间　　　　　　　　　　（s）

固沙剂	配比	浓度	黏度	处理1	处理2	处理3	平均
对照	—	—	—	0.2	0.3	0.2	0.2
文安	1/1000	0.1	118.83	34.0	34.0	33.0	33.7
	1/500	0.2	217.49	70.0	68.0	69.0	69.0
大连	1/200	0.5	3.25	21.0	19.0	19.0	19.7
	2/300	0.66	27.38	15.0	17.0	16.0	16.0
石家庄	1/200	0.5	251.12	13.0	12.0	12.0	12.3
	1/400	0.25	174.19	9.0	10.0	10.0	9.7
威海	1/200	0.5	85.20	21.0	26.0	23.0	23.3
	1/300	0.33	5.23	3.41	4.02	4.0	3.8
任丘	1/1000	0.1	13.44	21.0	21.0	20.0	20.7
	1/500	0.2	165.92	84.0	96.0	90.0	90.0
北京	2/250	0.8	22.60	72.0	78.0	71.0	73.67
	1/250	0.5	6.60	21.0	20.0	22.0	21.0
旱宝贝	1/60	1.6	3.20	0.58	0.58	0.57	0.6

总体来说，固沙剂浓度越大，黏度也越大，入渗时间也会越长。任丘、文安固沙剂浓度为0.2%时入渗所用时间均比石家庄、威海、北京、大连所用时间要长，因此在浓度为0.5%时任丘、文安固沙剂入渗所用时间也会比石家庄、威海、北京、大连所用时间要长。浓度在0.5%时入渗时间依次为：任丘、文安>石家庄>威海>北京>大连。

2.3.1.2　不同固沙剂渗透最深深度比较

从入渗深度来看（表2-5），以清水入渗深度最深为9.8cm，其次为旱宝贝9.5cm，比对照浅0.3cm。其他固沙剂在浓度相同时，入渗深度也有所不同。浓度在0.1%时入渗深度大小为：任丘（6.0cm）>文安（5.6cm）；浓度在0.2%时入渗深度大小为：文安（4.3cm）>任丘（2.0cm）。浓度在0.5%时入渗深度大小依次为：石家庄（6.2cm）>大连（5.5cm）>北京（5.1cm）>威海（3.6cm）。总体来说，固沙剂黏度越大，入渗深度越浅。

表2-5　不同固沙剂渗透最深深度　　　　　　（cm）

固沙剂	配比	浓度（%）	黏度（mm²/s）	1	2	3	平均
对照	—	—	—	9.7	9.9	9.9	9.8
文安	1/1000	0.1	118.83	5.6	5.7	5.6	5.6
	1/500	0.2	217.49	4.5	4.2	4.3	4.3
大连	1/200	0.5	3.25	5.5	5.6	5.5	5.5
	2/300	0.66	27.38	7.5	7.5	7.6	7.5
石家庄	1/200	0.5	251.12	6.2	6.3	6.2	6.2
	1/400	0.25	174.19	6.6	6.2	6.4	6.4
威海	1/200	0.5	85.2	3.5	3.8	3.6	3.6
	1/300	0.33	5.23	4.2	4.2	4.1	4.2
任丘	1/1000	0.1	13.44	5.9	6.2	6.0	6.0
	1/500	0.2	165.92	2.0	2.1	2.0	2.0
北京	2/250	0.8	22.6	4.2	4.3	4.2	4.2
	1/250	0.5	5.68	5.0	5.2	5.1	5.1
旱宝贝	1/60	1.6	3.20	9.5	9.5	9.4	9.5

2.3.2　固结层耐水性试验

对沙盘反复喷洒水后，固沙剂的表面无气泡、无裂纹、无破坏、无疏松和散落等现象，仍能使固结层保持和完整的覆盖。自然干燥后，固沙剂的表面没有被溶解，依然有较好的固化层存在。

表2-6中，对沙堆喷水后，固化强度越大的薄壳，黏结情况越好，固结层的空隙率就越小，入渗时间就越长，不同固沙剂水分透水性的快慢依次为：对照>石家庄>文安>任丘>北京>大连>旱宝贝>威海。不同固沙剂形成的固结层遇水后，松散程度的大小依次为：对照>北京>大连>石家庄>文安>任丘>威海>旱宝贝。以喷雾器强压力用水冲滋固结层表面，不同固沙剂固结层产生溅蚀坑或发生变形从

易到难依次为：对照>文安>大连>北京>石家庄>任丘>威海>旱宝贝。不同固沙剂形成的固结层浸水干后强度，从松软到特坚硬依次为：对照>文安>大连>任丘>北京>石家庄>威海>旱宝贝。总体来看，以旱宝贝和威海固沙剂效果最好，水稳定性、溅蚀、浸水干后强度最大。

表 2-6　固结沙块的耐水性观测

固沙剂	透水性	排名	水稳定性	排名	溅蚀	排名	浸水干后强度	排名
对照	快	1	松软	1	容易	1	软，易被破坏	8
文安	稍快	3	稍松软	5	容易	2	稍硬，易被破坏	7
大连	稍慢	6	稍松软	3	稍易	3	坚硬，不易破坏	6
石家庄	稍快	2	稍松软	4	稍难	5	坚硬，不易破坏	3
威海	最慢	8	不松软	7	稍难	7	特硬，不易被破坏	2
任丘	快	4	微松软	6	稍难	6	坚硬，不易破坏	5
北京	稍慢	5	稍松软	2	稍易	4	坚硬，不易破坏	4
旱宝贝	慢	7	不松软（硬）	8	难	8	特坚硬，不易破坏	1

性能优良的化学固沙剂应具备以下特点：首先具有较好的土壤保水性；其次与植物固沙相结合时，可长时间为植物生长提供所需的水分；沙层表面的固结层要有一定强度，耐风蚀性能优良，能够起到保护作用；操作简便，便于喷洒施工，固沙剂并容易渗透沙层。化学固沙剂大多是高分子有机溶剂，其形成的膜或网络结构都是水溶性的，渗水后部分溶解，从而使强度下降，因此，固结层浸水干燥后的强度要比浸水前的强度有所下降。固结层渗水使固化薄壳内部的空隙空间变大，有时生成新的空隙，从而导致固结层的强度下降，但其强度下降的幅度较小，所以不至于破坏沙粒周围坚硬的外壳，也就是说固结层渗水后整体的固沙作用没有被破坏。

2.3.3　风蚀试验

化学固沙剂在流沙表面喷洒后，会在流沙表面形成具有一定强度的保护层或固结层。固结层一方面可以固定流沙不受吹蚀，另一方面它本身又能形成光滑的表面，促使风沙流顺利输移。抗风蚀能力的大小是化学固沙材料一个极其重要的指标，抗风蚀能力总体要受多种因素的相互作用和影响。本次试验采用沙盘所测值仅是为了解不同固沙剂的基本性能作参考，实际风蚀效果有待于结合野外固沙试验进行监测。

2.3.3.1 对照组之间风蚀比较

对照 1 风蚀率为 2.39%，对照 2 风蚀率为 89.33%（表 2-7）；对照 1 比对照 2 风蚀量少 5.738kg。尽管对照 1 和对照 2 含水率一样，但是由于在室内没有阳光照射，对照 1 沙体表面老化现象较低，沙体表面由结合水膜和其他胶结物组成，并且沙体表面之间凝聚力较好。风蚀后观测对照 1 的沙体，沙体密实度较高，能形成块状沙体，因此，对照 1 的风蚀率低于对照 2。

表 2-7 不同固沙剂风蚀观测记录

项　目	对照 1	对照 2
风蚀前重（kg）	6.600	6.600
风蚀后重（kg）	6.442	0.704
风蚀量（kg）	0.158	5.896
风蚀率（%）	2.39	89.33

注：加水和裸沙，并没添加固沙剂

2.3.3.2 不同用量固沙剂对风蚀的影响

所有施用固沙剂的风蚀量、风蚀率均比对照 1、对照 2 风蚀量低（表 2-8），喷施固沙剂可以起到降低沙盘的风蚀率的效果，也就是起到固沙效果。文安固沙剂在 20kg/亩时风蚀率超过 1%，也只是对照 1 的一半，其他固沙剂不同用量的风蚀率均小于 1%。在用量为 20kg/亩时，风蚀率大小依次为：文安（1.15%）>石家庄（0.91%）>任丘（0.73%）>大连（0.24%）>威海、北京（0.21%）>旱宝贝（0.15%）。在用量为 30kg/亩时，风蚀率大小依次为：文安（0.51%）>石家庄（0.45%）>任丘（0.42%）>大连（0.21%）>威海、北京（0.18%）>旱宝贝（0.12%）。在用量为 40kg/亩时，风蚀率大小依次为：文安（0.21%）>北京（0.14%）>任丘、大连、石家庄（0.12%）>威海、旱宝贝（0.09%）。在用量为50kg/亩时，风蚀率大小依次为：石家庄、文安（0.06%）>北京、任丘、大连、威海、旱宝贝（0.03%）。从总体抗风蚀效果来看，文安、石家庄固沙剂抗风蚀效果较差，旱宝贝、威海固沙剂抗风蚀效果较好。

表2-8　不同固沙剂风蚀观测记录　　　　　　　　　（kg/%）

用量	固沙剂种类	任丘	威海	大连	石家庄	文安	北京	旱宝贝
20kg/亩	风蚀前重	6.602	6.602	6.602	6.602	6.602	6.602	6.600
	风蚀后重	6.554	6.588	6.586	6.542	6.526	6.588	6.590
	风蚀量	0.048	0.014	0.016	0.06	0.076	0.014	0.01
	风蚀率	0.73	0.21	0.24	0.91	1.15	0.21	0.15
30kg/亩	风蚀前重	6.608	6.608	6.610	6.610	6.612	6.608	6.608
	风蚀后重	6.580	6.596	6.596	6.580	6.578	6.596	6.600
	风蚀量	0.028	0.012	0.014	0.03	0.034	0.012	0.008
	风蚀率	0.42	0.18	0.21	0.45	0.51	0.18	0.12
40kg/亩	风蚀前重	6.610	6.612	6.608	6.608	6.609	6.61	6.608
	风蚀后重	6.602	6.606	6.600	6.600	6.595	6.601	6.602
	风蚀量	0.008	0.006	0.008	0.008	0.014	0.009	0.006
	风蚀率	0.12	0.09	0.12	0.12	0.21	0.14	0.09
50kg/亩	风蚀前重	6.604	6.604	6.604	6.604	6.604	6.604	6.604
	风蚀后重	6.602	6.602	6.602	6.600	6.594	6.602	6.602
	风蚀量	0.002	0.002	0.002	0.004	0.004	0.002	0.002
	风蚀率	0.03	0.03	0.03	0.06	0.06	0.03	0.03

2.3.3.3　同一固沙剂不同用量对风蚀的影响

同一固沙剂不同用量对风蚀的影响各不相同（图2-6），固沙剂用量越小风蚀率也越大，相反，用量越大风蚀率也越小。不同固沙剂普遍以20kg/亩风蚀率较高，以50kg/亩风蚀率较低。20kg/亩与50kg/亩风蚀率极差最大的是文安（1.09），其次为石家庄（0.85），其他依次为任丘（0.7）>大连（0.21）>威海、北京（0.18），最小为旱宝贝（0.12）。

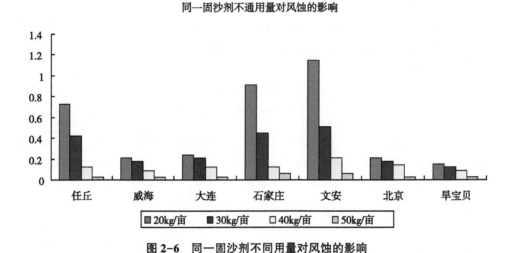

图 2-6　同一固沙剂不同用量对风蚀的影响

2.3.3.4　风蚀率与用量之间数学关系

从模型中可以看出（表 2-9），风蚀率与固沙剂用量之间呈显著线性关系，相关指数均在 0.9 以上。

表 2-9　风蚀率与用量之间数学模型

固沙剂	数学模型	相关指数（R^2）
任丘	$y = 1.1650 - 0.0240x$	0.9533
威海	$y = 0.3480 - 0.0063x$	0.9692
大连	$y = 0.4020 - 0.0072x$	0.9600
石家庄	$y = 1.3930 - 0.0288x$	0.9101
文安	$y = 1.7320 - 0.0357x$	0.9116
北京	$y = 0.3430 - 0.0058x$	0.9043
旱宝贝	$y = 0.2340 - 0.0039x$	0.9657

注：试中 y 为风蚀率，x 为固沙剂的用量

2.3.4　固结层保水性

2.3.4.1　不同固沙剂水分蒸发比较

沙地表面被化学固沙剂固结后减少了沙地内部水分蒸发，使得沙层内部的含

水量有明显提高。从表2-10、图2-7中可以看出，沙土中第一天水分蒸发占总体水分的 50%，3d 水分的蒸发占 85% 以上。3d 水分蒸发比例分别为：对照（90.08%）>石家庄（89.23%）>任丘（89.07%）>文安（88.55%）>旱宝贝（87.01%）>威海（86.26%）>北京（86.05%）>大连（78.46%）。可以看出不同固沙剂保水性均比对照高。

表2-10　不同固沙剂样本水分蒸发比较

固沙剂	时间 单位	2.21	2.22	2.23	2.24	2.25	2.26	2.27	2.28	合计
对照	g	136.00	66.00	34.00	12.00	8.00	4.00	2.00	0.00	262.00
	%	51.91	25.19	12.98	4.58	3.05	1.53	0.76	0.00	100.00
文安	g	130.00	70.00	32.00	18.00	10.00	2.00	0.00	0.00	262.00
	%	49.62	26.72	12.21	6.87	3.82	0.76	0.00	0.00	100.00
大连	g	100.00	68.00	36.00	20.00	18.00	10.00	8.00	0.00	260.00
	%	38.46	26.15	13.85	7.69	6.92	3.85	3.08	0.00	100.00
石家庄	g	128.00	74.00	30.00	12.00	8.00	4.00	2.00	2.00	260.00
	%	49.23	28.46	11.54	4.62	3.08	1.54	0.77	0.77	100.00
威海	g	126.00	70.00	30.00	14.00	8.00	6.00	4.00	2.00	262.00
	%	48.09	26.72	11.45	5.34	3.05	2.29	1.53	0.76	100.00
任丘	g	120.00	76.00	32.00	16.00	6.00	4.00	2.00	0.00	256.00
	%	46.88	29.69	12.50	6.25	2.34	1.56	0.78	0.00	100.00
北京	g	116.00	76.00	30.00	18.00	8.00	8.00	2.00	0.00	258.00
	%	44.96	29.46	11.63	6.98	3.10	3.10	0.78	0.00	100.00
旱宝贝	g	122.00	74.00	32.00	14.00	10.00	8.00	2.00	0.00	262.00
	%	46.56	28.24	12.21	5.34	3.82	3.05	0.76	0.00	100.00

2.3.4.2　固沙剂水分蒸发数学模型

对不同固沙剂水分蒸发应用 DPS 系统做数学模型（表2-11），表明固沙剂沙土水分蒸发随着天数增加，水分蒸发与天数之间呈对数关系，模型相关指数均超过 0.9，说明数学模型相关较好。

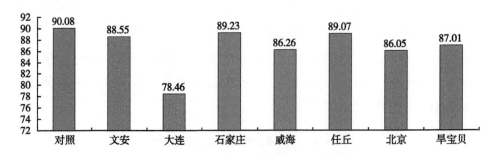

图 2-7　不同固沙剂 3 天累计水分蒸发统计

表 2-11　不同固沙剂保水性比较

固沙剂	数学模型	相关指数（R^2）
对照	$y = -24.646\ln(x) + 45.171$	0.9224
文安	$y = -24.135\ln(x) + 44.493$	0.9438
大连	$y = -18.631\ln(x) + 37.197$	0.9725
石家庄	$y = -23.949\ln(x) + 44.248$	0.9235
威海	$y = -22.944\ln(x) + 42.818$	0.9242
任丘	$y = -23.533\ln(x) + 43.694$	0.9434
北京	$y = -22.416\ln(x) + 42.216$	0.9444
旱宝贝	$y = -22.824\ln(x) + 42.753$	0.9407

注：试中 y 为风蚀率，x 为天数

2.4　固沙剂流体动力学研究

2.4.1　理论依据

经过对固沙剂黏度的测试，可知所用固沙剂属于流体力学中的非牛顿流体，而其黏度与浓度呈线性关系，在黏度的测试过程中，依据的原理是流体力学的伯努利方程：

$$\Delta\left(\frac{p}{\rho} + Zg + \frac{v^2}{2}\right) = -\frac{W}{m} - F \qquad (1)$$

通常情况下为了简便起见，（1）式两边同除以重力加速度 g ，得伯努利方程的总公式：

$$\Delta(\frac{p}{\rho g} + Z + \frac{v^2}{2g}) = -\frac{W}{mg} - \frac{F}{g} \tag{2}$$

式中：Z ——单位重量液体从某一基准面算起所具有的位置势能（简称位能）；

p ——流体压力；

$\frac{v^2}{2g}$ ——代表单位重量流体所具有的动能。

公式（1）与公式（2）中的摩阻损失 F ，包括流体与管壁之间的摩阻损失（F_W）、装置的摩阻损失（F_f）如阀、弯接头，以及管路突然缩小或者扩大的摩阻损失（F_c/F_e）。因此，摩阻损失项的完整表达式为：

$$F = (F_W) + (F_f) + (F_c) + (F_e) \tag{3}$$

如果有泵存在的话，需要考虑泵内的摩阻损失（F_{pumb}），则公式（3）可变为：

$$F = (F_W) + (F_f) + (F_c) + (F_e) + (F_{pumb})$$

其中：

流体与管壁之间的摩阻损失（F_W）：

$$F_W = 4f(\frac{L}{D})(\frac{v^2}{2g}) \tag{4}$$

式中：摩擦因子 f 是雷诺数（Re）与相对粗糙度（ε/D 或者 ε'/d）的函数，通过查表即可计算出摩擦因子。

$$\frac{1}{(f)^{0.5}} = -4\log[\frac{(\varepsilon/D)}{3.7} + \frac{1.255}{(\text{Re}f^{0.5})}]$$

装置的摩阻损失（F_f）：

$$F_f = 4f(\frac{L_{eq}}{D})(\frac{v^2}{2}) \tag{5}$$

式中：当量长度 L_{eq} 的计算公式为：$L_{eq} =$ 所有配件的 $(C \times D)$ 之和。其中 C 为常数，取决于配件的类型。

在摩阻损失计算中，当涉及 F_w 和 F_f 两个量时，可以将公式（4）、（5）结合起来，得到：

$$F_W + F_f = 4f(\frac{L_{adj}}{D})(\frac{v^2}{2})$$

其中：$L_{adj} = L + L_{eq}$ 称为调整后的管长。此处取当量长度 $L_{eq} = 135$（无因次）。

管路缩小和管路扩大的摩阻损失（F_c、F_e）：

$$F_c = K_c(\frac{v^2}{2})$$

$$F_e = K_e(\frac{v^2}{2})$$

其中：K（K_c 或者 K_e）是经验系数，称为阻尼因子，它取决于相关的直径之比；v 为相关流速中较大的流速。阻尼因子可以通过相关表查得。

在实际试验中，使用的是不带泵的喷雾器，所以，把以上各阻力公式带入总的摩阻损失公式里，得：

$$F = [4f(\frac{L_{adj}}{D}) + K_c + K_e](\frac{v^2}{2})$$

将上式带入伯努利方程的（1）、（2）式，得：

$$\Delta(\frac{P}{\rho} + gZ + \frac{v^2}{2}) = -\frac{W}{m} - [4f(\frac{L_{adj}}{D}) + K_c + K_e](\frac{v^2}{2})$$

其中：P——绝对压力（Pa）；

W——泵功率。计算式如下：

$W = \rho gQH$ 式中：$H = Z_2 - Z_1 + h_f$，h_f 表示总流量中单位流体从截面 1-1 到截面 2-2 平均消耗的能量；流量 $Q = C_qA\sqrt{\frac{2\Delta P}{\rho}}$，$C_q \approx .060 \sim 0.62$。

常用式为：

$$\Delta(\frac{P}{\rho g} + Z + \frac{v^2}{2g}) = -\frac{W}{mg} - [4f(\frac{L_{adj}}{D}) + K_c + K_e](\frac{v^2}{2g}) \qquad (6)$$

上式即为管内流动伯努利方程的完整形式。

2.4.2 固沙剂喷射计算

在实际进行试验时采用农用喷雾器进行压力喷射，在喷射注入沙体的液力计算中，喷嘴的流量系数是一个重要的参数，目前一般是通过有关手册来选取，而且对某一种结构的锥形喷嘴来说，其流量系数是一固定不变的常数。通过理论分析可知，喷嘴流量系数的大小不但与喷嘴本身的结构有关，还与通过喷嘴液体的流态及液体本身的物理性质有关系。为了使计算结果更加合理准确，需要建立一种考虑上述诸因素的新的计算方法。本实验在分析产生喷嘴各种阻力的基础上，利用流体力学基本原理，把锥形喷嘴看成一个渐缩管嘴，考虑液体的流动状态及其物理性质的影响，从理论上导出喷嘴流量系数的计算公式，并给出喷嘴液力参数及计算公式（图2-8）。

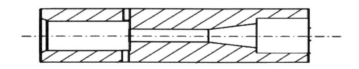

图2-8 喷头射流元件结构简图

在喷嘴结构参数确定的条件下，管中的液体流动速度直接影响整个装置的吸风能力，耗液量和压力、压力和吸风量之间均呈现特定的关系。从图2-9可知，耗液量与液体压力之间呈二次曲线函数关系。将喷嘴视为薄壁小孔，根据流体力学理论和黏性液体管内流动伯努利方程的完整形式，可以得出耗液量与液体压力之间的关系可用下式表示，即流量：

$$Q = C_q A \sqrt{\frac{2\Delta P}{\rho}} \tag{7}$$

式中：ΔP——孔口前后压差（Pa）；

A——孔口面积（m^2）；

ρ——流体的密度（kg/m^3）；

C_q——流量系数，与喷嘴出口结构有关的系数，取 0.60~0.62；

Q——流量，即耗液体量（m^3/s）。

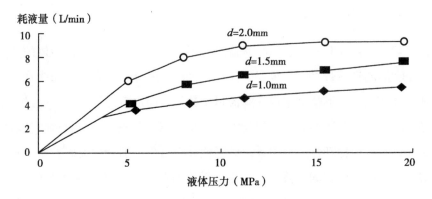

图 2-9　耗液量与液体压力的关系

由上述分析可知：喷嘴耗水量与孔口大小及孔口前后压差有关。

管内液体的平均流速根据理想流体连续性方程的推导公式进行计算：

$$Q = \frac{\pi}{4}d^2 v \tag{8}$$

式中：Q ——喷嘴耗液体量（m^3/s）；

　　　d ——喷嘴开口直径（m）；

　　　v ——液体流速（m/s）。

将（7）式代入（8）式，计算出喷头出液体流速的大小：

$$v = \frac{4\mu A}{\pi d^2}\sqrt{\frac{2\Delta P}{\rho}} \tag{9}$$

根据（6）式和（9）式即可计算出不同密度的固沙剂（即浓度和黏度不同的固沙剂）通过不同喷雾器喷头的流量和流速，这样就可以得到不同黏度固沙剂喷洒指定区域所需要的时间。

2.5　结论

（1）固沙剂渗透性试验。在相同的条件下，溶液渗透越快，说明固沙剂溶液的渗透性越好。在固沙剂浓度为 0.5% 时入渗时间大小依次为：任丘、文安＞石家庄＞威海＞北京＞大连。固沙剂黏度越大，入渗深度也就越浅，固化后形成的固化层抵抗风力的强度越弱。

（2）固结层耐水性试验。固化强度越大的固结层，黏结情况越好，固结层的空隙率就越小，入渗时间相对就越长，旱宝贝和威海水稳定性、溅蚀、浸水干后强度最大，固沙剂效果最好。

（3）风蚀试验。固结层一方面可以固定流沙不受吹蚀，另一方面固结层本身又能形成光滑的表面，促使风沙流顺利输移。文安、石家庄固沙剂抗风蚀效果较差，旱宝贝、威海固沙剂抗风蚀效果较好。风蚀率与固沙剂用量之间呈线性相关。

（4）固结层保水性。沙地表面被化学固沙剂固结后减少了沙地内部水分蒸发，使得沙层内部的含水量有明显提高，不同固沙剂保水性均比对照高。固沙剂沙土水分蒸发随着天数增加，水分蒸发与天数之间呈对数关系。

（5）不同密度的固沙剂（即浓度和黏度不同的固沙剂）通过不同喷雾器喷头的流量和流速公式，可以得到不同黏度固沙剂喷洒指定区域所需要的时间。

3　固化沙体的基本特征研究

固化沙体的工程性质包括抗压强度、抗剪强度、老化等性能。这些指标决定了固沙剂在实际工程中应用的效果和前景。同时，试验过程中所总结的有效的制样方法等，也为固沙剂在实践应用中提供了技术参数。

3.1　材料与方法

3.1.1　固化沙体制作

沙模制作先取 1400g 沙子，按照 20kg/亩、30kg/亩、40kg/亩、50kg/亩四个梯度设计，将加入到 200mL 水中，然后加入称好的沙子中，最后注入直径69mm、高为 30mm 的圆形模具中，压制成沙模。抗压强度、抗剪强度、老化试验每个用量制作的试件各压制 3 个，测定结果以抗压强度、抗剪强度、老化试验三组的平均值作为试验结果。

3.1.2　试验方法

抗压强度、抗剪切力在宁夏大学工程学院进行，试验采用长春科新试验仪器有限公司生产的 WDW3300 电子万能试验机，以应力峰值计算强度，并用微机控制采集数据。老化试验采用紫外线老化箱来进行人工老化，用 4 支 40W 的紫外线灯连续照射，定期测试试样的强度损失和质量损失，并观察形貌变化。为模拟实际日照情况，试验采用紫外光间歇辐照，照射通常为白天，约 12h，夜间停止试验，累计 300h。试验中测定试样表面温度，当照射半小时后可达 65~70℃。通过固化沙体的室内耐老化试验，揭示固沙剂的耐老化特征。

3.1.3　固化沙体的养护时间

研究固沙剂固化沙体强度与龄期的动态关系，就能正确地制作和应用固化沙体，人为地影响其强度，以保证固化沙体在实际应用中的效果，满足工程需要。龄期长短对于固化沙体的强度大小有重要意义。固沙剂只有在水分完全蒸发的情况下才能发挥最好的效果，所以固化沙体的抗压强度随龄期的延长而增长，其变化规律类似于普通混凝土。丁亮、王银梅等研究结果表明，21d 时测定固化沙体的抗压强度、剪切强度等是合适的，因此固化沙体的养护期为 21d。固化沙体在室温条件下干燥，并对沙体定期进行翻动，21d 后进行测定。

3.2　结果与分析

3.2.1　抗压强度试验

固沙剂是一种高分子有机化学胶结材料，其组成结构十分复杂。固沙剂与沙粒相互作用后的固化沙体的物理、水理、力学等性质，需要系统的试验来测定，再结合其自身的性质，才能找到适宜其使用的方法和领域，以及最佳的配比和养护条件等，也可以为以后进一步改善其性能提供理论和试验数据。固化沙体的抗压强度是其力学性能指标的集中反映，它不仅与固化沙体的其他物理力学性质密切相关，而且容易测定。无侧限单轴抗压强度是最具代表性的强度指标，由于其试验方法与仪器较为简单，操作也比较方便，只需要用一个试样就可测定抗压强度指标。

3.2.1.1　不同固沙剂固化沙体抗压强度

固化沙体是由松散的沙粒与固沙剂经过搅拌后，具有黏性的固沙剂溶液均匀地分布于沙粒表面，并填充于沙粒之间的空隙，形成一层黏结膜，再经过外力的击实，在击实的作用下，固沙剂与沙粒发生了一系列的物理、化学作用，从而起到了良好的固化作用。松散沙粒经固化后得到了类似于土体的性质，击实功越大，沙粒固结得越紧密，强度提高的也越大。所以外力击实对于固化沙体强度的形成有着重要的意义，尤其对于固沙剂固含量较少的固化沙体来说意义更大。固化沙体抗压强度在 0.1475～3.1601MPa。国际上对固化沙体抗压在 1MPa 以上。不同品种的固沙剂随着用量的提高，抗压强度也逐步提高。

表 3-1　固结层抗压强度　　　　　　　　　　　　　　（MPa）

固沙剂名称	固沙剂用量（kg/亩）				
	20	30	40	50	平均
文安	0.7760	1.5655	2.2215	3.1601	1.9308ABab
大连	0.5337	1.3905	2.0592	2.1205	1.5260BCbc
石家庄	0.1475	0.4334	1.4905	1.7882	0.9649Cc
威海	2.0339	2.5052	2.6079	2.6354	2.4456Aa
任丘	0.4685	0.8896	1.3903	1.5348	1.0708Cc
北京	0.9073	1.3467	1.8070	2.2719	1.5832BCbc
旱宝贝	0.9880	1.3351	1.5545	2.3232	1.5502BCbc

文安固沙剂用量在 20kg/亩时抗压强度为 0.7760MPa，达不到国际标准，用量在 30kg/亩以上抗压强度在 1MPa 以上，达到固化沙体的抗压强度。大连固沙剂用量在 20kg/亩时抗压强度为 0.5337MPa，达不到国际标准，用量在 30kg/亩以上抗压强度都在 1MPa 以上，达到固化沙体的抗压强度。石家庄固沙剂用量在 20kg/亩时抗压强度为 0.1475MPa，用量在 30kg/亩时抗压强度为 0.4334MPa，达不到国际标准，用量在 40kg/亩以上抗压强度都在 1MPa 以上，达到固化沙体的抗压强度。威海固沙剂所有用量抗压强度都在 1MPa 以上，达到固化沙体的抗压强度。任丘固沙剂用量在 20kg/亩时抗压强度为 0.4685MPa，用量在 30kg/亩时抗压强度为 0.8896MPa，达不到国际标准，用量在 40kg/亩以上抗压强度都在 1MPa 以上，达到固化沙体的抗压强度。北京固沙剂用量在 20kg/亩时抗压强度为 0.9073MPa，达不到国际标准，用量在 30kg/亩以上抗压强度均在 1MPa 以上，达到固化沙体抗压强度。旱宝贝用量在 20kg/亩时抗压强度为 0.9880MPa，达不到国际标准，用量在 30kg/亩以上抗压强度都在 1MPa 以上，达到固化沙体的抗压强度。

3.2.1.2　同一用量下不同固沙剂固化沙体抗压强度

用量为 20kg/亩时,抗压强度大小依次为:威海>旱宝贝>北京>文安>大连>任丘>石家庄。用量为 30kg/亩时,抗压强度大小依次为:威海>文安>北京>大连>旱宝贝>任丘>石家庄。用量为 40kg/亩时,抗压强度大小依次为:威海>文安>大连>北京>旱宝贝>石家庄>任丘。用量为 50kg/亩时,抗压强度大小依次为:文安>威海>旱宝贝>北京>大连>石家庄>任丘(图 3-1)。

从总体效果来看,威海固沙剂沙体抗压强度最好,石家庄与任丘较差。

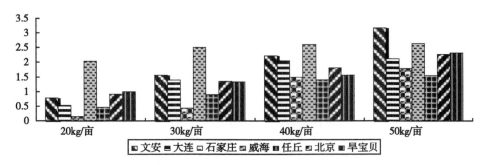

图 3-1　不同固沙剂抗压强度对比

3.2.1.3　用量与抗压强度数学模型

从模型中可以看出(表 3-2),固结层抗压强度与固沙剂用量之间呈线性相关。

表 3-2　固结层抗压强度与用量之间数学模型

固沙剂名称	数学模型	相关指数(R^2)
文安	$y = 0.7808x - 0.0213$	0.9954
大连	$y = 0.5429x + 0.1687$	0.8982
石家庄	$y = 0.6069x - 0.5599$	0.9423
威海	$y = 0.1907x + 1.9688$	0.7725
任丘	$y = 0.3700x + 0.1459$	0.9599
北京	$y = 0.4554x + 0.4447$	0.9998

（续表）

固沙剂名称	数学模型	相关指数（R^2）
旱宝贝	$y = 0.4225x + 0.4939$	0.9298

注：试中 y 为抗压强度，x 为固沙剂的用量

3.2.2 抗剪切强度试验

土壤风蚀的强烈发生与地表土壤黏聚力和抗剪强度明显减小有着密切的关系，土壤黏聚力或抗剪强度有可能较好的反映土壤抵抗风力侵蚀的能力。抗剪强度试验的目的就是为了研究沙体的抗风蚀性，而沙体的抗剪强度与沙体风蚀有关的主要原因是沙体颗粒间的黏结力会影响沙体风蚀发生的强度，沙体的黏聚力越大，抵抗风蚀的能力越强。所以考虑到这一点，我们选择用直剪试验测定土壤的抗剪强度。

3.2.2.1 剪切强度测试

风成沙具有较低的抗压强度，抗压强度约为 0.045MPa。含水率一般很小，处于干燥状态时，为一种松散状态。沙颗粒为单粒结构，结构容易遭到破坏，性质不稳定，整体性能较差。当在流沙表面喷施一定的固沙剂，能大大提高流沙的力学黏结性，达到固定流沙的目的。固化沙体剪切强度在 0.2402～2.5755MPa（表3-3）。不同品种的固沙剂随用量的提高，剪应力逐步在提高。

表 3-3　固结层剪切强度　　　　　　　　　　（MPa）

固沙剂名称	固沙剂浓度（kg/亩）				
	20	30	40	50	平均
文安	0.7052	1.3477	2.3916	2.5755	1.7550Aa
大连	0.2032	0.4693	0.4825	0.5387	0.4234Bb
石家庄	0.1741	0.3152	0.4597	0.6932	0.4105Bb
威海	0.4515	0.5079	0.5418	0.7943	0.5739Bb
任丘	0.5487	0.8163	1.2176	1.6392	1.0554ABb
北京	0.3489	0.4592	0.4582	0.7596	0.5065Bb
旱宝贝	0.2402	0.3616	0.4768	0.5998	0.4196Bb

3.2.2.2 同一用量不同固沙剂评价

由表 3-3 可知，用量为 20kg/亩时，剪应力大小依次为：文安>任丘>威海>北京>旱宝贝>大连>石家庄。用量为 30kg/亩时，剪应力大小依次为：文安>威海>北京>大连>旱宝贝>任丘>石家庄。用量为 40kg/亩时，剪应力大小依次为：文安>任丘>威海>大连>旱宝贝>石家庄>北京。用量为 50kg/亩时，剪应力大小依次为：文安>任丘>威海>北京>石家庄>旱宝贝>大连。

总体来看，文安固沙剂剪应力最高，其次为任丘固沙剂；石家庄最低，其次为旱宝贝。

3.2.2.3 不同用量与剪应力数学模型

从模型中可以看出，固结层抗压强度与固沙剂用量之间呈线性关系（表 3-4）。

表 3-4 剪应强度与固沙剂用量之间数学模型

固沙剂名称	数学模型	相关指数（R^2）
文安	$y = 0.6655x + 0.0913$	0.9437
大连	$y = 0.102x + 0.1684$	0.7717
石家庄	$y = 0.1702x - 0.0149$	0.983
威海	$y = 0.1062x + 0.3083$	0.8184
任丘	$y = 0.3673x + 0.1373$	0.9903
北京	$y = 0.1231x + 0.1988$	0.8108
旱宝贝	$y = 0.1194x + 0.1211$	0.9999

注：试中 y 为剪切强度，x 为固沙剂的用量

3.2.3 抗压强度、剪切强度等相关分析

3.2.3.1 抗压强度与剪切强度的关系

文安、大连、石家庄、任丘和旱宝贝固沙剂剪切强度与抗压强度之间存在直线关系，相关系数分别为 0.9082、0.8824、0.9020、0.9278 和 0.9344（表 3-5）；威

海固沙剂剪切强度与抗压强度之间存在逻辑斯蒂模型关系，相关指数为 0.9989；北京固沙剂剪切强度与抗压强度之间存在抛物线关系，相关指数为 0.8956。

表 3-5　固结层抗压强度、剪切强度

固沙剂名称	数学模型	相关指数（R^2）
文安	$y = 0.019948 + 1.0888x$	0.9082
大连	$y = -0.436780 + 4.6354x$	0.8824
石家庄	$y = -0.462833 + 3.4593x$	0.9020
威海	$y = 2.6413/\ (1 + e^{(12.9235 - 31.2967x)})$	0.9989
任丘	$y = 0.030582 + 0.985569x$	0.9278
北京	$y = -2.6792 + 13.4835x - 9.1702x^2$	0.8956
旱宝贝	$y = 0.061870 + 3.5470x$	0.9344

注：y 为抗压强度，x 为剪切强度

3.2.3.2　固结层抗压强度与剪切强度、固沙剂用量之间的关系

所有固沙剂抗压强度与用量及剪切强度均呈直线关系，除了旱宝贝外其余 6 种固沙剂随着用量的增加，抗压强度增强。文安、石家庄、威海、任丘四种固沙剂随着剪切强度的增加抗压强度而下降，大连、北京、旱宝贝三种固沙剂随着剪切强度的增强而增强（表 3-6）。

表 3-6　　固结层抗压强度与用量、剪切强度之间数学模型

固沙剂名称	数学模型	相关指数（R^2）
文安	$y = -0.9905 + 0.0999x_1 - 0.3280x_2$	0.9999
大连	$y = -0.5278 + 0.0307x_1 + 2.3090x_2$	0.9482
石家庄	$y = -1.6732 + 0.1073x_1 - 2.7363x_2$	0.9519
威海	$y = 2.0721 + 0.0345x_1 - 1.4553x_2$	0.8852
任丘	$y = -0.5103 + 0.0827x_1 - 1.2444x_2$	0.9741
北京	$y = -0.0145 + 0.0449x_1 + 0.0498x_2$	0.9998
旱宝贝	$y = -0.0332 - 0.6926x_1 + 61.5460x_2$	0.9710

注：y 为抗压强度，x_1 为用量，x_2 为剪切强度

3.2.3.3　剪切强度与风蚀之间关系

不同固沙剂风蚀率与剪切强度之间存在直线关系（表 3-7），随着风蚀率的

增加，剪切强度下降。

表 3-7   剪切强度与风蚀率之间数学模型

固沙剂名称	数学模型	R^2	F	p
文安	$y=1.4040-0.5251x$	0.9254	24.8177	0.0380
大连	$y=0.3553-0.4849x$	0.5868	2.8400	2.8400
石家庄	$y=1.0406-1.5968x$	0.8242	9.3782	0.0921
威海	$y=0.4092-0.4910x$	0.8116	8.6166	0.0991
任丘	$y=0.9967-0.6364x$	0.9130	20.9777	0.0445
北京	$y=0.3609-0.4361x$	0.9559	43.3258	0.0223
旱宝贝	$y=0.2347-0.3270x$	0.9683	61.1152	0.0160

注：y 剪切强度，x 为风蚀率

3.2.4   固化沙体老化试验

由于高分子材料容易老化，故影响着固沙剂的应用和发展，固沙剂在大气环境中，会受到光热辐射、氧化、风蚀和雨淋作用，使材料内部组成和分子结构发生质的变化，随着时间推移，这种变化加强，从而缩短材料的寿命。试验采用紫外光老化法，揭示固沙剂的耐老化特征（表3-8）。

表 3-8   不同固沙剂固化沙洋在老化箱内的重量和强度变化

类别	时间	项目	文安	大连	石家庄	威海	任丘	北京	旱宝贝
重量	0h	重量（g）	283.5	280.8	280.5	281.6	284.3	282.6	284.1
		损失率（%）	0.0	0.0	0.0	0.0	0.0	0.0	0.0
	100h	重量（g）	282.9	279.7	279.1	281.0	282.6	281.8	283.2
		损失率（%）	0.2	0.4	0.5	0.2	0.6	0.3	0.3
	200h	重量（g）	282.1	278.6	276.6	280.2	282.0	281.2	282.7
		损失率（%）	0.5	0.8	1.4	0.5	0.8	0.5	0.5
	300h	重量（g）	281.2	276.3	275.2	279.3	280.3	279.5	281.3
		损失率（%）	0.8	1.6	1.9	0.8	1.4	1.1	1.0

（续表）

类别	时间	项目	文安	大连	石家庄	威海	任丘	北京	旱宝贝
强度	0h	强度（MPa）	3.16	2.12	1.79	2.64	1.54	2.27	2.32
		损失率（%）	0.0	0.0	0.0	0.0	0.0	0.0	0.0
	100h	强度（MPa）	3.1	2.1	1.8	2.6	1.5	2.3	2.3
		损失率（%）	0.9	1.1	1.2	0.7	1.3	0.6	0.5
	200h	强度（MPa）	3.1	2.0	1.7	2.5	1.5	2.2	2.2
		损失率（%）	3.3	4.5	4.7	3.9	4.6	3.8	3.8
	300h	强度（MPa）	2.9	1.9	1.6	2.4	1.4	2.1	2.1
		损失率（%）	7.1	10.8	9.8	8.2	9.3	7.5	7.9

3.2.4.1 重量变化

由表 3-8 可知，随着时间的延长，固沙试块外观完好，颜色变化不明显，经历 0~300h 间断照射后，重量变化在 0.2%~1.9%，试件外形和颜色没有发生变化。在 300h 时重量损失率大小依次为：石家庄>大连>任丘>北京>旱宝贝>文安和威海。

3.2.4.2 强度变化

固沙试块在紫外光间断和连续照射下，强度会发生变化。一般来说，随着老化时间的延长，固沙试块的强度损失率逐渐增大，经历 300h 老化以后，以往研究结果表明固化沙体的损失率最大可超过 75%。所选用的 7 种固沙剂强度损失在 1.8%~10.8%，50kg/亩不同品种固沙剂固化沙体经过 300h 照射抗压强度仍在在 1MPa 以上。在 300h 时强度损失率大小依次为：大连>石家庄>任丘>威海>旱宝贝>北京>文安。

3.3 结论

（1）固化沙体的抗压强度是固沙性能的最具代表性指标。文安、大连、石家庄、任丘、北京和旱宝贝喷施量在 20kg/亩抗压强度都在 1MPa 以下，石家庄、任丘喷施量在 30kg/亩抗压强度都在 1MPa 以下；几种固沙剂其他喷施量抗压强度都在 1MPa 以上，威海固沙剂所有喷施量强度均在 1MPa 以上，达到固化沙体的抗压强度。从总体效果来看，威海固沙剂沙体抗压强度最好，石家庄、任丘较差。

（2）固化沙体剪切强度在 0.2402~2.5755MPa。不同品种的固沙剂随喷施量的增加，抗剪切强度提高。以文安固沙剂抗剪切强度最高，其次为任丘固沙剂；石家庄最低、其次为旱宝贝。

（3）文安、大连、石家庄、任丘和旱宝贝固沙剂剪切强度与抗压强度之间存在直线关系；威海固沙剂剪切强度与抗压强度之间存在逻辑斯蒂模型关系；北京固沙剂剪切强度与抗压强度之间存在抛物线关系。几种固沙剂与喷施量、剪切强度之间存在直线关系。不同固沙剂风蚀率与剪切强度之间存在直线关系，随着风蚀率的增加，剪切强度下降。

（4）经历 0~300h 间断照射后，几种固沙剂重量变化在 0.2%~1.9%，固化沙体试件外形和颜色没有发生变化。强度损失在 1.8%~10.8%。由于不同固沙剂的构成存在一定的差异，所造成强度老化损失率和质量老化损失率都不尽相同。

4 固沙剂对土壤内部温度的影响

化学固沙剂的固沙性能在于化学物质充满沙粒空隙后，能加强颗粒间的相互作用，有助于其从游离态向结合态转化。从而在流沙表面形成具有一定结构和强度、能够防治风力吹蚀、又可保持下层水分的固结层。固结层相对光滑，能使沙丘表面形成保护层，隔绝气流对松散沙层直接作用以防止风沙流对沙粒的吹蚀，且能形成输沙面，使沙粒不易堆积。而且，固结层能在一定程度上改善沙丘内部的水热条件，对固沙植物产生重要影响。因此对沙丘内部的温度的影响就成为评价化学固沙剂的固沙效果的重要指标之一，直接影响固沙植物的生长。

4.1 材料与方法

充分了解化学固沙剂对沙堆内部温度的影响，有助于对化学固沙与植物固沙的相结合。为了保证试验的差异性小，2014 年 7 月 8 日在平地堆积 70cm 厚的沙堆，将沙堆摊平，按照 1m×1m 放线打垄。固沙剂按照 20、30、40、50kg/亩四个梯度设计，固体固沙剂混合沙粒均匀撒在每个小区表面，液体固沙剂加入到300mL 水分充分溶解混匀，均匀撒在沙粒表面，用喷雾器均匀喷洒于沙粒表面，对照只喷洒 300mL 清水。7 月 19 日开始地温测定，地温计选用河北武强红星仪表厂生产的地温计，测定深度为 5cm、10cm、15cm、20cm、25cm 5 个深度，从7：00 开始，每隔 2h 测一次，到 19：00 为最后 1 次，共测 7 次。试验区最高气温 30.0℃，最低 15.3℃（表 4-1）。

表 4-1　7 月 19 日试验地气温统计

时间	7：00	9：00	11：00	13：00	15：00	17：00	19：00
温度	16.6℃	21.8℃	25.5℃	27.4℃	28.6℃	29.7℃	28.4℃

注：$y = -8.5330 + 4.5988x - 0.1396x^2$（$R^2 = 0.9951$，试中 y 气温，x 为时间，7：00—19：00）

4.2　不同固沙剂之间对沙堆内部温度的影响

4.2.1　施量为 50kg/亩时对沙堆内部温度影响

4.2.1.1　不同深度地温变化情况

由表 4-2 可知，在 5cm 深处各处理之间不同时间内平均温差在 2.5℃，平均温度大小依次为：文安>任丘>旱宝贝、大连>北京>威海>石家庄。在 10cm 深处，各处理之间不同时间内温差在 1.5℃，平均温度大小依次为：文安>大连>威海>旱宝贝>任丘>北京>石家庄。在 15cm 深处，各处理之间不同时间内温差在 1.28℃，平均温度大小依次为：文安>威海>石家庄>旱宝贝>任丘>大连>北京。在 20cm 深处，各处理之间不同时间内温差在 1.14℃，平均温度大小依次为：旱宝贝>任丘>文安>威海>北京>大连>石家庄。在 25cm 深处，各处理之间不同时间内温差在 1.14℃，平均温度大小依次为：石家庄>旱宝贝>大连>文安>北京>任丘、威海。各个处理之间在 1%、5%差异显著，说明不同固沙剂对沙堆内部温度影响差异显著。不同深度平均温度以文安固沙剂最高（29.4℃），其次为旱宝贝固沙剂（29.09℃），最低为石家庄固沙剂（28.59℃）。

表 4-2　不同深度地温平均显著性检验　　　　　　　　　　（℃）

深度	任丘	北京	旱宝贝	大连	文安	石家庄	威海
5cm	32.71abAB	31.86bcABC	32.21abcABC	32.21abcABC	33.36aA	30.86cC	31.57bcBC
10cm	29.64bcBC	29.43cBC	30.00abcABC	30.43abAB	30.86aA	29.36cC	30.07abcABC
15cm	28.14abAB	27.43bB	28.29abAB	28.07abAB	28.71aA	28.36abAB	28.57aAB

（续表）

深度	任丘	北京	旱宝贝	大连	文安	石家庄	威海
20cm	27.64abA	27.43abcAB	27.93aA	27.21bcAB	27.57abAB	26.79cB	27.50abAB
25cm	26.07cD	26.21cCD	27.00abAB	26.86bBC	26.50bcBCD	27.57aA	26.07cD

4.2.1.2 不同时间地温变化情况

从表4-3中可以看出，在13时、17时北京固沙剂与文安固沙剂之间在5%水平上差异显著。15时大连固沙剂与文安固沙剂之间在5%水平上差异显著。从总体来看，以文安固沙剂在不同时间地温最高，以北京固沙剂地温最低。应用灰色关联度分析，不同固沙剂地温对气温响应的紧密程度来看分别是：北京（0.2807）＞威海（0.2243）＞石家庄（0.2198）＞大连（0.2052）＞任丘（0.2043）＞旱宝贝（0.1925）＞文安（0.1766）。

表4-3　不同时间地温平均显著性检验　　　　　（℃）

时间	任丘	北京	旱宝贝	大连	文安	石家庄	威海
7：00	23.10aA	22.90aA	22.50aA	23.20aA	22.80aA	22.50aA	23.30aA
9：00	24.90aA	24.90aA	25.00aA	25.50aA	24.90aA	24.90aA	25.00aA
11：00	28.70aA	28.50aA	29.30aA	29.40aA	29.50aA	28.30aA	28.70aA
13：00	31.60abA	30.90bA	32.80aA	32.30abA	32.80aA	31.40abA	31.40abA
15：00	33.10abA	33.10abA	33.30abA	32.00bA	33.90aA	32.80abA	33.00abA
17：00	30.80abA	30.00bA	31.20abA	30.70abA	31.50aA	30.60abA	30.70abA
19：00	29.70aA	29.00aA	29.50aA	29.60aA	29.80aA	29.60aA	29.20aA

4.2.2 施量为40kg/亩时对沙堆内部温度影响

4.2.2.1 不同深度地温变化情况

由表4-4可知，在5cm深处各处理之间不同时间内平均温差在1.41℃，平均温度大小依次为：任丘＞北京＞文安＞威海＞旱宝贝＞石家庄＞大连。在10cm深处，各处理之间不同时间内温差在0.5℃，平均温度大小依次为：石家庄＞威海＞

文安、任丘、北京>大连>旱宝贝。在 15cm 深处，各处理之间不同时间内温差在 1.65℃，平均温度大小依次为：石家庄>威海>任丘>文安>大连>旱宝贝>北京。在 20cm 深处，各处理之间不同时间内温差在 1.21℃，平均温度大小依次为：任丘>石家庄>文安>旱宝贝>北京>大连>威海。在 25cm 深处，各处理之间不同时间内温差在 1.14℃，平均温度大小依次为：任丘>文安、大连>旱宝贝>石家庄>北京>威海。除了 10cm 深处外，其他四个深度在 1%、5%水平上差异显著，说明不同固沙剂对沙堆内部 10cm 地温影响差异不显著。不同深度平均温度以任丘固沙剂最高（29.43℃），其次为文安固沙剂（29.13℃），最低为北京固沙剂（28.67℃）。

表 4-4　不同深度地温平均显著性检验　　　　　　　　　　（℃）

深度	任丘	北京	旱宝贝	大连	文安	石家庄	威海
5cm	32.64aA	32.14abAB	31.36bB	31.21bB	31.86abAB	31.29bB	31.71abAB
10cm	30.21aA	30.21aA	29.86aA	30.00aA	30.21aA	30.36aA	30.29aA
15cm	28.71abAB	27.64cC	28.29bcBC	28.50abABC	28.64abAB	29.29aA	28.79abAB
20cm	28.14aA	27.21bcC	27.36bcBC	27.07bcC	27.64abABC	28.07aAB	26.93cC
25cm	27.43aA	26.14cdD	26.86bBC	27.29abAB	27.29abAB	26.36cCD	25.86dD

4.2.2.2　不同时间地温变化情况

从表 4-5 中可以看出，在 7 时任丘固沙剂与旱宝贝、威海固沙剂在 1%、5%水平上差异显著。13 时任丘固沙剂与北京固沙剂在 5%水平上差异显著。从总体来看，不同时间地温平均值以任丘固沙剂最高，以威海固沙剂地温最低。应用灰色关联度分析，不同固沙剂地温对气温响应的紧密程度来看分别是：北京（0.2524）>威海（0.2396）>大连（0.2388）>旱宝贝（0.2334）>石家庄（0.2170）>文安（0.2098）>任丘（0.1886）。

表4-5　不同时间地温平均显著性检验　　　　　　　（℃）

时间	任丘	北京	旱宝贝	大连	文安	石家庄	威海
7：00	24.10aA	22.90bAB	22.60bB	23.10abAB	23.30abAB	23.70abAB	22.70bB
9：00	25.40aA	24.90aA	25.10aA	25.20aA	25.30aA	25.50aA	24.80aA
11：00	29.10aA	28.60aA	29.00aA	28.90aA	29.20aA	29.00aA	28.90aA
13：00	32.40aA	31.30bA	31.90abA	31.90abA	32.20abA	31.90abA	31.50abA
15：00	33.50aA	33.30aA	32.50aA	32.70aA	33.30aA	33.00aA	33.10aA
17：00	31.70aA	30.60aA	30.70aA	30.60aA	31.00aA	30.80aA	30.80aA
19：00	29.80aA	29.10aA	29.40aA	29.30aA	29.60aA	29.60aA	29.20aA

4.2.3　施量为30kg/亩时对沙堆内部温度影响

4.2.3.1　不同深度地温变化情况

由表4-6可知，在5cm深处各处理之间不同时间内平均温差在2.42℃，平均温度大小依次为：文安>石家庄>任丘>北京>威海>旱宝贝>大连。在10cm深处，各处理之间不同时间内温差在2.5℃，平均温度大小依次为：石家庄>任丘、旱宝贝>大连>北京>文安>威海。在15cm深处，各处理之间不同时间内温差在1.78℃，平均温度大小依次为：石家庄、旱宝贝>文安>任丘>威海>大连>北京。在20cm深处，各处理之间不同时间内温差在1.67℃，平均温度大小依次为：石家庄>文安>旱宝贝>北京>任丘>大连>威海。在25cm深处，各处理之间不同时间内温差在1.15℃，平均温度大小依次为：文安>石家庄>大连>任丘、威海>旱宝贝>北京。各个处理之间在1%、5%差异显著，说明不同固沙剂对沙堆内部温度影响差异显著。不同深度平均温度以石家庄最高（29.47℃），其次为文安（29.42℃），最低为威海（28.44℃）。

表4-6　不同深度地温平均显著性检验　　　　　　　（℃）

深度	任丘	北京	旱宝贝	大连	文安	石家庄	威海
5cm	31.93bB	31.79bB	31.21bB	31.29bB	33.71aA	32.07bAB	31.36bB
10cm	30.29abAB	29.93bcB	30.29abAB	30.14bcAB	29.86bcB	30.93aA	29.57cB

深度	任丘	北京	旱宝贝	大连	文安	石家庄	威海
15cm	28.14abcAB	27.29cB	29.07aA	27.71bcB	28.36abAB	29.07aA	28.07abcAB
20cm	27.14bcABC	27.29abcABC	27.64abABC	26.71bcBC	27.86abAB	28.36aA	26.69cC
25cm	26.50abA	26.14bA	26.21bA	26.71abA	27.29aA	26.93abA	26.50abA

4.2.3.2 不同时间地温变化情况

从表4-7中可以看出，在13：00不同固沙剂之间在5%水平上存在差异。15：00石家庄固沙剂与其他固沙剂在1%与5%水平上存在差异。从总体来看，不同时间地温平均值以石家庄固沙剂最高，以威海固沙剂地温最低。应用灰色关联度分析，不同固沙剂地温对气温响应的紧密程度来看分别是：大连（0.2753）>威海（0.2316）>北京（0.2153）>任丘（0.2051）>旱宝贝（0.1964）>文安（0.1666）>石家庄（0.1583）。

表4-7 不同时间地温平均显著性检验 （℃）

时间	任丘	北京	旱宝贝	大连	文安	石家庄	威海
7：00	23.00aA	22.00aA	22.70aA	22.60aA	22.70aA	23.00aA	22.50aA
9：00	24.90aA	24.50aA	25.10aA	24.90aA	25.40aA	25.40aA	24.50aA
11：00	29.10aA	28.40aA	29.20aA	28.60aA	29.70aA	29.60aA	28.20aA
13：00	31.40abA	31.30abA	32.00abA	31.90abA	32.90aA	32.20abA	31.10bA
15：00	33.00abcAB	32.90abcAB	32.80abcAB	32.20cB	33.90abAB	34.20aA	32.30bcAB
17：00	30.80aA	31.10aA	30.90aA	29.80aA	31.50aA	31.90aA	30.40aA
19：00	29.40aA	29.20aA	29.50aA	29.60aA	29.80aA	30.00aA	29.50aA

4.2.4 施量为20kg/亩时对沙堆内部温度影响

4.2.4.1 不同深度地温变化情况

表4-8 不同深度地温平均显著性检验 （℃）

深度	任丘	北京	旱宝贝	大连	文安	石家庄	威海	对照
5cm	32.21abcAB	31.14cB	32.93abcAB	34.00aA	31.21cB	33.07abAB	32.07bcAB	31.64bcB

（续表）

深度	任丘	北京	旱宝贝	大连	文安	石家庄	威海	对照
10cm	29.64aA	29.50aA	30.29aA	30.57aA	30.57aA	30.71aA	29.50aA	30.00aA
15cm	27.29cC	27.71bcBC	28.50aAB	28.57aAB	28.71aA	28.64aA	28.21abAB	28.36abAB
20cm	26.71dC	27.43bcABC	26.71dC	28.21aA	27.36bcdBC	27.86abAB	27.50bcABC	27.00cdC
25cm	26.50bcBC	26.29cC	27.21aA	26.79abcABC	27.21aA	27.36aA	26.21cC	27.07abAB

由表4-8可知，在5cm深处各处理之间不同时间内平均温差在2.86℃，平均温度大小依次为：大连>石家庄>旱宝贝>任丘>威海>对照>文安>北京。在10cm深处，各处理之间不同时间内温差在1.21℃，平均温度大小依次为：石家庄>文安、大连>旱宝贝>对照>任丘>威海、北京。在15cm深处，各处理之间不同时间内温差在1.42℃，平均温度大小依次为：文安>石家庄>大连>旱宝贝>对照>威海>北京>任丘。在20cm深处，各处理之间不同时间内温差在1.5℃，平均温度大小依次为：大连>石家庄>威海>北京>文安>对照>旱宝贝、任丘。在25cm深处，各处理之间不同时间内温差在1.15℃，平均温度大小依次为：石家庄>旱宝贝、文安>对照>大连>任丘>北京>威海。除了10cm深处外，其他四个深度在1%、5%水平上差异显著。不同深度平均温度以大连（29.63℃），其次为石家庄最高（29.53℃），对照为28.81℃，最低为威海（28.41℃）。

4.2.4.2 不同时间地温变化情况

表4-9 不同时间地温平均显著性检验 （℃）

时间	任丘	北京	旱宝贝	大连	文安	石家庄	威海	对照
7：00	23.00aA	22.10bB	23.10aA	23.30aA	23.00aA	23.60aA	23.10aA	23.00aA
9：00	24.70abAB	24.00bB	25.80aA	25.50aA	25.20abAB	25.80aA	25.40aAB	25.20abAB
11：00	28.50aA	28.00aA	29.90aA	29.90aA	29.00aA	29.80aA	28.70aA	29.20aA
13：00	31.00bAB	30.90bB	32.30abAB	33.00aA	32.40abAB	32.30abAB	31.00bAB	32.00abAB
15：00	32.60aA	33.70aA	33.20aA	33.80aA	32.90aA	34.10aA	32.90aA	32.70aA
17：00	30.20aA	30.50aA	30.40aA	31.40aA	31.10aA	31.20aA	30.50aA	30.40aA
19：00	29.30aA	29.70aA	29.20aA	30.50aA	29.50aA	29.90aA	29.30aA	29.20aA

　　从表4-9中可以看出，在9：00、13：00不同固沙剂在地温在1%、5%水平上存在差异显著。从总体来看，不同时间地温平均值：大连（29.63℃）>石家庄（29.53℃）>旱宝贝（29.13℃）>文安（29.01℃）>对照（28.81℃）>威海（28.7℃）>任丘（28.47℃）>北京（28.41℃）。应用灰色关联度分析，不同固沙剂地温对气温响应的紧密程度大小分别是：任丘（0.2393）>北京（0.2398）>对照（0.2390）>威海（0.2352）>旱宝贝（0.2296）>文安（0.2030）>石家庄（0.1792）>大连（0.1661）。

4.3　讨论与分析

4.3.1　不同深度地温的比较

　　通过以上的分析可知，7种固沙剂在20kg/亩、30kg/亩、40kg/亩、50kg/亩各个处理之间在1%、5%差异显著，说明不同固沙剂对沙堆内部5~25cm地温影响差异显著。

　　沙生植物的种子适宜的地温在20~30℃，地温过高不适宜种子的萌发和发育。因此在夏季沙地地温低有利于种子的生态恢复。在表4-10中，5cm所有固沙剂的地温均比对照高，从低到高依次为：威海、北京、石家庄和旱宝贝固沙剂；在10cm威海、北京和任丘固沙剂地温低于对照；在15cm大连、北京和任丘固沙剂地温低于对照；在20cm所有固沙剂的地温均比对照高；在25cm只有文安、石家庄固沙剂比对照高，其他均比对照低。

表4-10　不同深度地温平均值统计　　　　　　　　　　（℃）

深度	任丘	北京	旱宝贝	大连	文安	石家庄	威海	对照
5cm	32.37	31.73	31.93	32.18	32.54	31.82	31.68	31.64
10cm	29.95	29.77	30.11	30.29	30.38	30.34	29.86	30.00
15cm	28.07	27.52	28.54	28.21	28.61	28.84	28.41	28.36
20cm	27.41	27.34	27.41	27.30	27.61	27.77	27.16	27.00
25cm	26.63	26.20	26.82	26.91	27.07	27.06	26.16	27.07

4.3.2 不同时间地温的比较

早上 7：00 的时候气温较低，地温也普遍较低，应用固沙剂后可以起到一定的保温作用，保温效果好的固沙剂会比对照地温要高些。任丘、大连和石家庄 3 个地温平均值比对照高，其他四个比对照低。在 15：00 地温达到最高值，这时要求地温低有利于植物生长，保水性也较好。所有固沙剂平均地温值均比对照高。17：00—19：00 开始地温逐渐下降，地温高有利于植物的生长，所有固沙剂的地温均高于对照，说明不同固沙剂具有一定的保温作用（表 4-11）。

表 4-11 不同时间地温平均值统计 （℃）

时间	气温	任丘	北京	旱宝贝	大连	文安	石家庄	威海	对照
7：00	16.6	23.30	22.48	22.73	23.05	22.95	23.20	22.90	23.00
9：00	21.8	24.98	24.58	25.25	25.28	25.20	25.40	24.93	25.20
11：00	25.5	28.85	28.38	29.35	29.20	29.35	29.18	28.63	29.20
13：00	27.4	31.60	31.10	32.25	32.28	32.58	31.95	31.25	32.00
15：00	28.6	33.05	33.25	32.95	32.68	33.50	33.53	32.83	32.70
17：00	29.7	30.88	30.55	30.80	30.63	31.28	31.13	30.60	30.40
19：00	28.4	29.55	29.25	29.40	29.75	29.68	29.78	29.30	29.20

表 4-12 可以看出地温与气温之间呈直线关系（式中 y 为地温，x 为气温）。

表 4-12 不同深度地温数学模型

深度	方程	R^2	p
任丘	$y=11.0795+0.7003x$	0.8574	0.0028
北京	$y=9.5496+0.7457x$	0.8574	0.0028
旱宝贝	$y=10.3330+0.7326x$	0.8538	0.0028
大连	$y=11.0127+0.7066x$	0.8591	0.0027
文安	$y=9.9149+0.7592x$	0.8504	0.0031
石家庄	$y=10.7156+0.7256x$	0.8610	0.0026
威海	$y=10.7554+0.7031x$	0.8668	0.0023
对照	$y=11.3023+0.6887x$	0.8364	0.0039

4.3.3　固沙剂的保温作用

4.3.3.1　固沙保温效果对比

综合全部平均温度来看：文安（29.24℃）＞石家庄（29.16℃）＞大连（28.98℃）＞旱宝贝（28.96℃）＞任丘（28.89℃）＞对照（28.81℃）＞威海（28.63℃）＞北京（28.51℃）。威海、北京固沙剂地温低于对照。

应用灰色关联度分析，不同固沙剂地温对气温响应的紧密程度来看分别是：北京（0.2352）＞对照（0.2322）＞威海（0.2267）＞旱宝贝（0.2063）＞任丘（0.2043）＞大连（0.2030）＞石家庄（0.1853）＞文安（0.1835）。响应的程度越紧密对保温的效果来讲也越差。除了北京固沙剂外，其他固沙剂均比对照低，从而也反映出固沙剂相应的保温作用。固沙剂对气温响应顺序与平均地温排列顺序一致。

4.3.3.2　固沙剂保温机理

固沙剂的保温作用，一方面固沙剂使沙粒由原来的松散转化为致密的凝胶材料，形成相对致密的固结层，尽管这层物质很薄，不妨碍水分的下渗和气体的交换，但确实起到了保温的作用；另一方面，固结层相对光滑，能反射大量的太阳辐射，减少了热量的吸收，起到了降低固结层下沙丘温度的作用。而且光滑的层面减小了风沙吹过的摩擦，有助于风沙快速通过，空气更流通，也在一定程度上起降温作用。在沙漠的特殊环境条件下，这两方面因素同时存在。

5 化学固沙剂对小叶锦鸡儿出苗的影响

"化学–生物"固沙综合技术的应用，首先要求固沙剂与植物生长具有较好的适宜性，从而能促进植物生长发育，则与植物固沙相结合会更好地发挥作用。通常采用先栽植（或播种）固沙植物再喷洒化学固沙材料，这种措施具有高效廉价、快速简便、环境协调的特点，能够满足现代防沙工程的要求。小叶锦鸡儿具有耐旱、耐寒、耐高温的特点，是我国三北地区干旱草原、荒漠草原地带的旱生灌丛。是固沙造林主要灌木树种，对环境条件具有广泛的适应性。通过应用化学固沙剂喷施来了解化学固沙剂对小叶锦鸡儿出苗影响情况，为化学固沙和植物固沙有机结合的重要过程和试验基础。为了便于试验可操作性和快速性，本试验采用盆栽实验。由于室内土壤、温度、湿度、光照和水分等条件可以控制，对试验结果的精确性起到一定的保证作用，也为了解固沙剂对小叶锦鸡儿出苗的情况的精确性提供了有利条件。

5.1 材料与方法

选用 30cm×40cm 塑料盘，塑料盘重 450g，盘内盛入 7.0kg 沙土并摊平，选取好的小叶锦鸡儿（*Caragana microphylla*）的种子 30 粒，均匀撒于沙土表面，然后再覆盖约 1cm 厚沙土。固沙剂喷施量按照 300kg/hm²、450kg/hm²、750kg/hm² 3 个梯度加入到 4500mL/hm² 水中充分溶解混匀，用喷雾器均匀喷洒于沙土表面，对照只喷洒 4500 mL/hm² 清水。每隔 2d 灌水 1 次，灌水量 3000mL/hm²，以保证种子正常生长发芽。每天记录种子出苗情况，等种子不再出苗，停止灌水后再对种子数目进行统计。试验共分 2 次进行，第一次为 2012 年 5 月 23 日—6 月 22 日；第二次为 2012 年 8 月 3—31 日，多设 1 组对照。

5.2 结果与分析

5.2.1 6月份小叶锦鸡儿出苗情况

5.2.1.1 小叶锦鸡儿出苗时间比较

各固沙剂不同喷施量小叶锦鸡儿出苗时间不一致，大部分较对照提前出苗
1~2d，只有少数喷施量推迟出苗1~3d（见表4-1）。对所有固沙剂同一浓度的
出苗时间进行统计：喷施量300kg/hm² 小叶锦鸡儿的平均出苗时间为6.00d；
450kg/hm²小叶锦鸡儿的平均出苗时间为6.14d；750kg/hm²时小叶锦鸡儿的平均
出苗时间为6.86d。3种喷施量的小叶锦鸡儿平均出苗时间均低于7.00d，说明固
沙剂可以保存一定的水分，利于种子萌发和出苗。

5.2.1.2 小叶锦鸡儿出苗率比较

文安、旱宝贝固沙剂不同喷施量小叶锦鸡儿出苗率均低于对照5%~30%；
威海、任丘、石家庄固沙剂不同喷施量小叶锦鸡儿出苗率均高于对照5%~40%；
北京固沙剂喷施量为300kg/hm²、450kg/hm²时小叶锦鸡儿出苗率低于或等于对
照，大连固沙剂在喷施量为300kg/hm²时小叶锦鸡儿出苗率低于对照5%，北京、
大连固沙剂其他喷施量小叶锦鸡儿出苗率均高于对照20%~40%。对不同固沙剂
同一浓度的出苗率进行统计：喷施量为300kg/hm²的小叶锦鸡儿平均出苗率为
40.71%，低于对照；450kg/hm²的小叶锦鸡儿平均出苗率为57.14%，高于对照；
750kg/hm²的小叶锦鸡儿平均出苗率为55.71%，高于对照（表5-1）。说明沙土
施用一定量的固沙剂后，可以影响沙土的紧实度，适宜的喷施量可以使土壤紧实
度的大小恰好能促进小叶锦鸡儿作物根系的穿孔和生长；喷施量过大，沙土中沙
粒黏结成大的团聚体，固结层抗压强度增加以及固结层增厚，排列整齐紧密，且
喷施量大固沙剂自身对水分的需求也相应增加，与小叶锦鸡儿种子进行部分的水
分争夺，最终造成对小叶锦鸡儿种子出苗难。

表 5-1　化学固沙剂对小叶锦鸡儿出苗的影响（2012 年 6 月试验）

固沙剂	喷施量（kg/hm²）	出苗时间（d）	较 CK±（d）	出苗率（%）	较 CK±（%）	株高（cm）	较 CK±（cm）	凋萎时间（d）	较 CK±（d）
	300	8	1	25	−20	7.7	0.4	4	1
北京	450	6	−1	45	0	7.0	−0.3	5	2
	750	5	−2	65	20	7.3	0	5	2
	300	6	−1	15	−30	7.3	0	4	1
文安	450	5	−2	40	−5	6.3	−1	3	0
	750	8	1	15	−30	1.0	−6.3	3	0
	300	5	−2	55	10	8.0	0.7	4	1
任丘	450	6	−1	75	30	8.3	1	4	1
	750	8	1	85	40	7.7	0.4	5	2
	300	6	−1	45	0	7.7	0.4	4	1
旱宝贝	450	10	3	30	−15	5.0	−2.3	4	1
	750	6	−1	25	−20	6.7	−0.6	5	2
	300	6	−1	40	−5	7.7	0.4	3	0
大连	450	5	−2	85	40	8.7	1.4	4	1
	750	5	−2	80	35	7.7	0.4	4	1
	300	5	−2	50	5	7.3	0	4	1
威海	450	5	−2	75	30	5.0	−2.3	4	1
	750	6	−1	65	20	7.7	0.4	7	4
	300	6	−1	55	10	8.3	1	4	1
石家庄	450	6	−1	50	5	8.7	1.4	4	1
	750	10	3	55	10	7.0	−0.3	9	6
CK		7	0	45	0	7.3	0	3	0

5.2.1.3　小叶锦鸡儿株高比较

任丘、大连固沙剂不同喷施量小叶锦鸡儿株高均高于对照 5%~16%；文安、旱宝贝固沙剂只有喷施量 300kg/hm² 小叶锦鸡儿株高比对照高，其余喷施量小叶锦鸡儿株高均低于对照；北京固沙剂所有喷施量小叶锦鸡儿株高基本都在 7cm 左右，与对照基本相当；威海固沙剂喷施量 450kg/hm²、石家庄固沙剂喷施量

$750kg/hm^2$的小叶锦鸡儿株高比对照低，其他喷施量小叶锦鸡儿株高均比对照高。

5.2.1.4 小叶锦鸡儿凋萎时间比较

不同固沙剂喷施量为$300kg/hm^2$时，除喷施大连固沙剂和对照小叶锦鸡儿的凋萎时间相同（3d）外，其他固沙剂小叶锦鸡儿凋萎时间均为4d，高于对照1d。固沙剂喷施量为$450kg/hm^2$时，喷施文安固沙剂和对照的小叶锦鸡儿凋萎时间相同，为3d，北京固沙剂小叶锦鸡儿凋萎时间为5d，其余固沙剂小叶锦鸡儿凋萎时间均为4d，高于对照1d。固沙剂喷施量为$750kg/hm^2$时，小叶锦鸡儿凋萎时间依次为：石家庄（9d）>威海（7d）>北京、旱宝贝、任丘（5d）>大连（4d）>对照、文安（3d）。说明喷施不同浓度固沙剂对小叶锦鸡儿凋萎时间的影响不同，主要是不同固沙剂不同喷施量的保水效果不一样，施用浓度越大，凋萎时间也越长。所有固沙剂处理的小叶锦鸡儿凋萎时间比对照高1~6d。在沙漠地区由于降雨量少，凋萎时间长有利于植物的生长存活。该试验中小叶锦鸡儿平均凋萎时间长短依次为石家庄>威海>北京>任丘、大连>旱宝贝>文安>对照。

5.2.2 8月不同固沙剂对小叶锦鸡儿出苗的影响

5.2.2.1 小叶锦鸡儿出苗时间比较

对照小叶锦鸡儿出苗时间为5d，所有固沙剂不同喷施量小叶锦鸡儿出苗时间在5~6d，平均为5.35d。总体来看，不同固沙剂部分喷施量小叶锦鸡儿出苗时间较与对照稍有推迟。主要是由于应用固沙剂后土壤黏结在一起，对小叶锦鸡儿种子的破土能力造成一定限制。

5.2.2.2 小叶锦鸡儿出苗率比较

文安固沙剂不同喷施量小叶锦鸡儿出苗率均低于对照20%~60%；任丘不同喷施量小叶锦鸡儿出苗率均高于对照3.3%~13.3%；旱宝贝除喷施量$750kg/hm^2$的小叶锦鸡儿出苗率低于对照外，其他喷施量小叶锦鸡儿出苗率较对照略高3.3%。固沙剂喷施量为$300kg/hm^2$时，大连、文安和石家庄的小叶锦鸡儿出苗率低于对照 16.7%~20.0%，北京、任丘、旱宝贝、威海的小叶锦鸡儿出苗率高于对照 3.3%~10.0%。大连、任丘其他喷施量小叶锦鸡儿出苗率均高于对照，北京、文安和威海其他喷施量小叶锦鸡儿出苗率低于对照（表5-2）。

表5-2　固沙剂不同喷施量的小叶锦鸡儿出苗（2012年8月试验）

固沙剂	喷施量（kg/hm²）	出苗时间（d）	较CK±（d）	出苗率（%）	较CK±（%）	株高（cm）	较CK±（cm）	凋萎时间（d）	较CK±（d）
北京	300	5	0	80.0	10.0	9.13	1.13	5	2
	450	6	1	53.3	-16.7	9.25	1.25	5	2
	750	6	1	56.7	-13.3	8.75	0.75	5	2
文安	300	5	0	50.0	-20.0	8.25	0.25	4	1
	450	6	1	26.7	-43.3	8.25	0.25	4	1
	750	6	1	10.0	-60.0	5.75	-2.25	4	1
任丘	300	5	0	73.3	3.3	9.25	1.25	4	1
	450	5	0	73.3	3.3	9.00	1.00	4	1
	750	5	0	83.3	13.3	9.50	1.50	4	1
旱宝贝	300	6	1	73.3	3.3	10.25	2.25	5	2
	450	6	1	73.3	3.3	9.50	1.50	5	2
	750	6	1	66.7	-3.3	9.25	1.25	5	2
大连	300	5	0	50.0	-20.0	9.75	1.75	4	1
	450	6	1	73.3	3.3	9.00	1.00	5	2
	750	5	0	73.3	3.3	8.25	0.25	5	2
威海	300	5	0	76.7	6.7	8.25	0.25	5	2
	450	5	0	53.3	-16.7	9.25	1.25	5	2
	750	5	0	56.7	-13.3	7.75	-0.25	6	3
石家庄	300	5	0	53.3	-16.7	8.75	0.75	4	1
	450	5	0	76.7	6.7	8.00	0	4	1
	750	5	0	66.7	-3.3	10.50	2.50	4	1
CK₁	—	5	0	70.0	0	8.00	0	3	—
CK₂	—	5	0	70.0	0	7.75	0.25	3	—

5.2.2.3 小叶锦鸡儿株高比较

除了文安喷施量750kg/hm²的小叶锦鸡儿株高比对照低外，其他所有处理的株高均比对照高（表5-2）。固沙剂喷施量为300kg/hm²时小叶锦鸡儿株高大小依次为：旱宝贝（10.25cm）>大连（9.75cm）>任丘（9.25cm）>北京（9.13cm）>石家庄（8.75cm）>文安、威海（8.25cm）。固沙剂喷施量为450kg/hm²时小叶锦鸡儿株高大小依次为：旱宝贝（9.50cm）>威海、北京（9.25cm）>任丘、大连（9.00cm）>文安（8.25cm）>石家庄（8.00cm）。固沙剂喷施量为750kg/hm²时小叶锦鸡儿株高大小依次为：石家庄（10.50cm）>任丘（9.50cm）>旱宝贝（9.25cm）>北京（8.75cm）>大连（8.25cm）>威海（7.75cm）>文安（5.75 m）。对所有固沙剂同一浓度的小叶锦鸡儿株高进行平均处理。可以看出：随着固沙剂处理浓度的增加小叶锦鸡儿株高降低，即300kg/hm²（9.09cm）>450kg/hm²（8.89cm）>750kg/hm²（8.54cm）。

5.2.2.4 小叶锦鸡儿凋萎时间比较

所有固沙剂处理均比对照小叶锦鸡儿凋萎时间推迟1~2d（表5-3）。通过对不同固沙剂3个浓度处理进行平均后，小叶锦鸡儿凋萎时间大小依次为：威海（5.33d）>旱宝贝、北京（5.00d）>大连（4.67d）>文安、任丘、石家庄（4.00d）>对照（3.00d）。不同浓度的固沙剂对小叶锦鸡儿凋萎时间的影响不一样，主要是不同固沙剂不同喷施量的保水效果不一样，喷施量浓度越大，凋萎时间也越长。

5.2.3 两次试验结果对比分析

表5-3 固沙剂不同时间处理对小叶锦鸡儿出苗的影响（平均）

固沙剂	6月				8月			
	出苗时间（d）	出苗率（%）	株高（cm）	凋萎时间（d）	出苗时间（d）	出苗率（%）	株高（cm）	凋萎时间（d）
北京	6.33	45.00	7.33	4.67	5.67	63.33	9.04	5.00

（续表）

固沙剂	6月				8月			
	出苗时间（d）	出苗率（%）	株高（cm）	凋萎时间（d）	出苗时间（d）	出苗率（%）	株高（cm）	凋萎时间（d）
文安	6.33	23.33	4.87	3.33	5.67	28.90	7.42	4.00
任丘	6.33	71.67	8.00	4.33	5.00	76.63	9.25	4.00
旱宝贝	7.33	33.33	6.47	4.33	6.00	71.10	9.67	5.00
大连	5.33	68.33	8.03	3.67	5.33	65.53	9.00	4.67
威海	5.33	63.33	6.67	5.00	5.00	62.23	8.42	5.33
石家庄	7.33	53.33	8.00	5.67	5.00	65.57	9.08	4.00
CK	7.00	45.00	7.30	3.00	5.00	70.00	8.00	3.00
平均	6.40	50.90	7.10	4.36	5.35	62.60	8.76	4.43

5.2.3.1 不同固沙剂小叶锦鸡儿的出苗情况

由表5-4看出：不同固沙剂小叶锦鸡儿的出苗时间6月（6.40d）>8月（5.34d）；出苗率6月（50.9%）<8月（62.6%）；株高6月（7.10cm）<8月（8.76cm）；凋萎时间6月（4.36d）<8月（4.43d）。总体来说，8月对小叶锦鸡儿喷施固沙剂的效果均好于6月。

（1）出苗时间。2012年6月，旱宝贝、石家庄（7.33d）>对照（7.00d）>北京、文安、任丘（6.33d）>威海、大连（5.33d）；8月，旱宝贝（6.00d）>北京、文安（5.67d）>大连（5.33d）>任丘、威海、石家庄和对照（5.00d）。两次试验结果排列顺序发生一些变动，如果剔除对照，各个固沙剂的出苗时间排列顺序基本一致。

（2）出苗率。2012年6月，任丘（71.67%）>大连（68.33%）>威海（63.33%）>石家庄（53.33%）>北京、对照（45.00%）>旱宝贝（33.33%）>文安（23.33%）；8月，任丘（76.63%）>旱宝贝（71.10%）>对照（70.00%）>石家庄（65.57%）>大连（65.53%）>北京（63.33%）>威海（62.23%）>文安（28.90%）。除了大连固沙剂6月出苗率高于8月，其他6种固沙剂6月小叶锦鸡儿出苗率均低于8月，特别是旱宝贝处理的小叶锦鸡儿出苗率差别特别大。

（3）株高。6 月，大连（8.03cm）＞任丘、石家庄（8.00cm）＞北京（7.33cm）＞对照（7.30cm）＞威海（6.67cm）＞旱宝贝（6.47cm）＞文安（4.87cm）；8 月，旱宝贝（9.67cm）＞任丘（9.25cm）＞石家庄（9.08cm）＞北京（9.04cm）＞大连（9.00cm）＞威海（8.42cm）＞对照（8.00cm）＞文安（7.42cm）。只有大连和旱宝贝固沙剂排序发生变动大些，其他基本一致。

（4）凋萎时间。6 月，石家庄（5.67d）＞威海（5.00d）＞北京（4.67d）＞任丘、旱宝贝（4.33d）＞大连（3.67d）＞文安（3.33d）＞对照（3.00d）；8 月，威海、北京、旱宝贝（5.00d）＞大连（4.67d）＞任丘、文安、石家庄（4.00d）＞对照（3.00d）。不同固沙剂凋萎时间均高于对照，说明固沙剂具有一定的保水性。

5.2.3.2 固沙剂不同浓度的小叶锦鸡儿出苗情况

固沙剂不同浓度对小叶锦鸡儿在 8 月的处理效果均好于 6 月。由表 5-4 可知，6 月和 8 月不同固沙剂浓度处理的小叶锦鸡儿株高、凋萎时间的趋势基本一致。出苗时间：6 月，750kg/hm² ＞450kg/hm² ＞300kg/hm²；8 月，450kg/hm² ＞750kg/hm² ＞300kg/hm²。出苗率：6 月，450kg/hm² ＞750kg/hm² ＞300kg/hm²；8 月，300kg/hm² ＞450kg/hm² ＞750kg/hm²。

表 5-4 不同固沙剂浓度对小叶锦鸡儿出苗的影响

固沙剂浓度（kg/hm²）	6 月				8 月			
	出苗时间（d）	出苗率（%）	株高（cm）	凋萎时间（d）	出苗时间（d）	出苗率（%）	株高（cm）	凋萎时间（d）
300	6.00	40.71	7.71	3.86	5.14	65.23	9.09	4.43
450	6.14	57.14	7.00	4.00	5.57	61.41	8.89	4.57
750	6.86	55.71	6.44	5.43	5.43	59.06	8.54	4.71
CK	7.00	45.00	7.30	3.00	5.00	70.00	8.00	3.00

5.3 结论

（1）固沙剂可以保存一定的土壤水分，利于植物种子的萌发和出苗，且随着固沙剂喷施量的增加，植物出苗时间有所增加，主要是因为喷施量增加，固结层抗压强度增加以及固结层增厚，不利于种子的顶土能力，出苗时间相应增加。同一固沙剂不同浓度或不同固沙剂同一浓度对小叶锦鸡儿凋萎时间的影响不一样。固沙剂的施用浓度越大，凋萎时间也越长。所有固沙剂的凋萎时间基本上都比对照高1~6d。在沙漠地区由于降水量少，凋萎时间长有利于植物的生长存活。

（2）沙土上施用一定的固沙剂后可以影响沙土的紧实度，适当的固沙剂喷施量可以促进小叶锦鸡儿作物根系的穿孔和生长，但喷施量过大后，沙土中沙粒黏结成大的团聚体，固结层抗压强度增加以及固结层增厚，排列整齐紧密；且喷施量大固沙剂自身对水分的需求也相应增加，与小叶锦鸡儿种子进行部分的水分争夺，最终造成对小叶锦鸡儿种子出苗难。

（3）从两次试验结果来看，以任丘固沙剂出苗率最好，文安出苗率最低，其他固沙剂的出苗率与对照比较接近，对小叶锦鸡儿出苗的影响不大。不同时间施用固沙剂对小叶锦鸡儿出苗情况的排序也产生了变动，8月施用的小叶锦鸡儿出苗情况比6月较好，6月和8月施用固沙剂后小叶锦鸡儿株高、凋萎时间的趋势均一致。

6　化学固沙机理研究

高分子材料的组分往往比较复杂，通常是以聚合物为主要组分，并加入各种有机和无机助剂配制通过聚合反应制取，再经过加工成型制成的材料。天然高分子材料多是从自然植物经过物理或者化学方法制取的，合成高分子主要是由低分子物质通过聚合反应制得。其中的聚合物是决定该固沙剂性能的主要组分。通过对固结层、固化沙体的一些研究，所引进固沙剂在抗压强度、剪切强度、抗风蚀等能力都显出不同的特性。对于固沙剂在固沙过程中，与沙粒之间的相互作用机理未做深入的研究，弄清此过程对固沙剂进一步应用与推广将有重要意义。本试验借助红外光谱和电子显微镜分析对比，研究不同固沙剂的固沙作用。

6.1　材料与方法

6.1.1　红外光谱

红外光谱是解析物质结构的最好的工具。各种有机化合物和许多无机化合物中组成化学键或官能团的原子处于不断振动的状态，用红外光照射高分子物质时，分子中的化学键或官能团因发生振动吸收，在红外光谱上处于不同位置都会产生不同特征的光谱，从而可获得高分子物质中化学键或官能团不同含量的信息。由于没有两种化合物具有相同的红外吸收光谱，即所谓红外光谱具有"指纹性"，所以红外光谱法已广泛用于有机物的结构测定和鉴定分析，特别适用于聚合物分析。

6.1.2 试验材料

试验材料选用盐池县沙泉湾流动沙丘沙粒。固结层用量为40kg/亩不同固沙剂固结层。试验采用溴化钾压片法，方法简便易行。沙粒试样与溴化钾粉末混合研磨，固结层试样由于形成高分子材料，要用要先用小刀轻轻刮成细粉，一般1~2mg试样加100~200mg的KBr，压片后上机测试。测试在宁夏大学化工学院应用岛津IRAffinity-1红外仪器进行分析（图6-1至图6-8）。

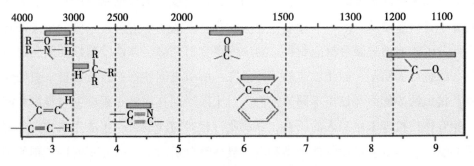

图6-1 常见基团特征吸收峰的位置

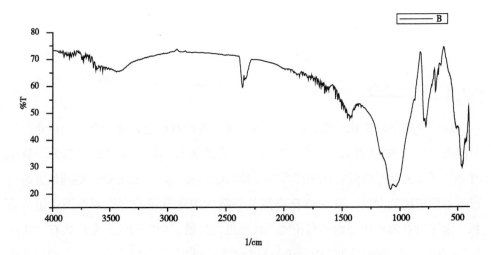

图6-2 沙粒红外线图谱

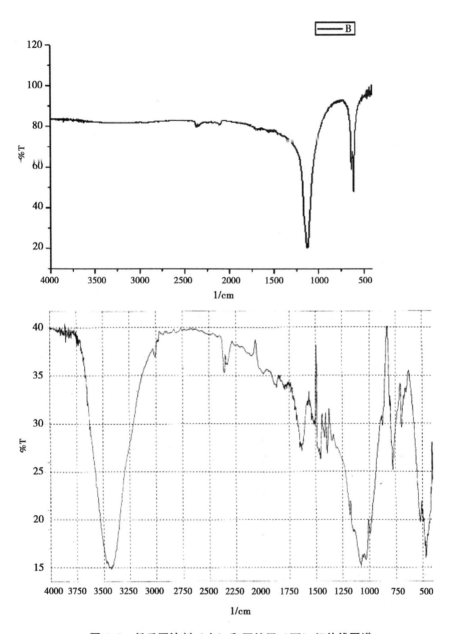

图6-3　任丘固沙剂（上）和固结层（下）红外线图谱

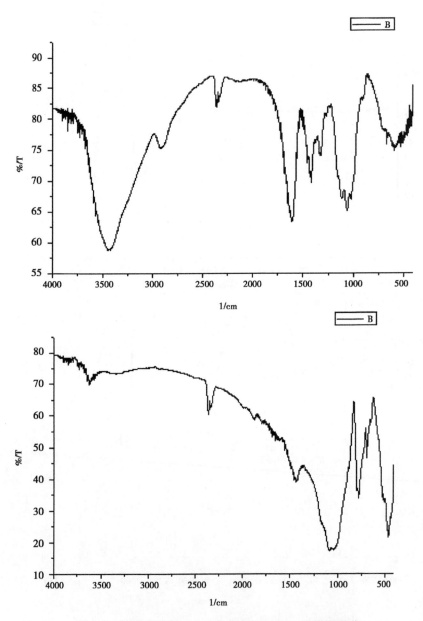

图6-4 威海固沙剂（上）和固结层（下）红外线图谱

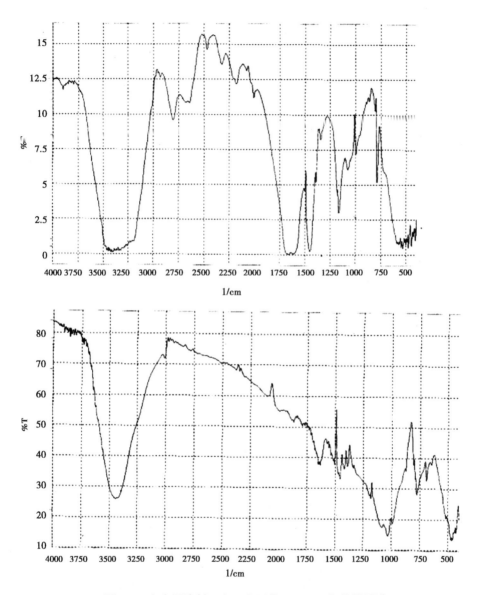

图6-5 文安固沙剂（上）和固结层（下）红外线图谱

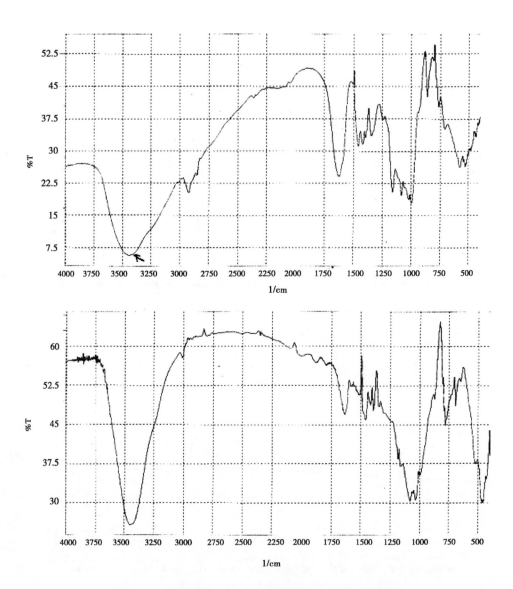

图 6-6 大连固沙剂（上）和固结层（下）红外线图谱

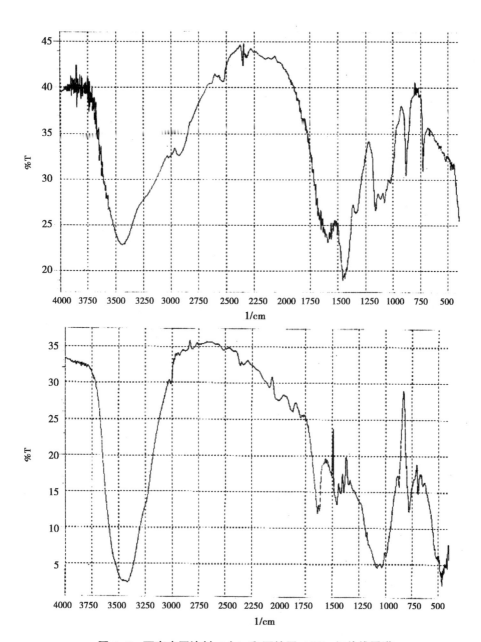

图 6-7 石家庄固沙剂（上）和固结层（下）红外线图谱

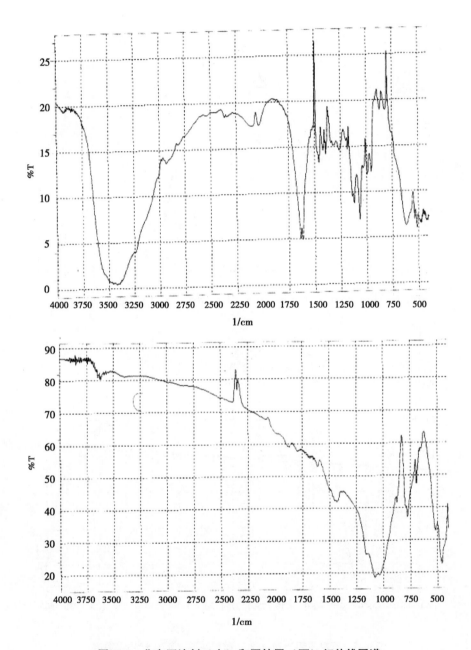

图 6-8　北京固沙剂（上）和固结层（下）红外线图谱

6.2 谱图分析

沙子的主要成分是硅酸盐（图6-2），其红外光谱图具有硅酸盐的典型吸收，$1000cm^{-1}$附近强的吸收峰，同时$3300cm^{-1}$处弱的吸收峰有可能来自硅羟基中O-H伸缩振动。

任丘的化学固沙剂红外光谱图中，只在$1100cm^{-1}$附近有一强吸收，该产品中的主要成分有可能是无机物。固结层$3300\sim3400cm^{-1}$处出现O-H伸缩振动吸收峰。表明任丘固沙剂与沙土反应形成的固结层有羟基基团在发生重要的作用。在固化的作用中主要是以物理作用和物理化学作用。

北京、大连、文安、威海等地的化学固沙剂红外光谱图比较接近。在$3300\sim3400cm^{-1}$附近宽的强吸收峰，为O-H伸缩振动，$1000\sim1250cm^{-1}$间的多个吸收峰为C—O伸缩振动（可能为醇、醚及其聚合物），表明其组成中含有羟基，$2930cm^{-1}$处的吸收反映出这些产品中都应该含有$-CH_2-$结构。都在$1600cm^{-1}$附近有强吸收，同时在$880\sim680cm^{-1}$附近有吸收峰，表明这四种化学固沙剂中可能含有苯环结构。

石家庄化学固沙剂红外光谱图与上述4个比较接近。在$3300\sim3400cm^{-1}$附近宽的强吸收峰，为O-H伸缩振动，$1000\sim1250cm^{-1}$间的多个吸收峰为C-O伸缩振动（可能为醇、醚及其聚合物），表明其组成中含有羟基，$2930cm^{-1}$处的吸收反映出这些产品中都应该含有$-CH_2-$结构。

不同化学固沙剂形成的固结层红外光谱图除$3300\sim3400cm^{-1}$处O-H伸缩振动吸收峰有所变化之外，其他部分与沙子的红外光谱图相似。其中，北京、威海的化学固结层$3300\sim3400cm^{-1}$处O-H伸缩振动吸收峰消失。说明北京、威海固沙剂与沙子发生反应中羟基与其他物质反应产生新的基团参与固化物理、化学方式进行固化。大连、文安和石家庄基本不变，但羟基发生一定的变化。

根据部分厂家的资料，北京、大连、文安和威海固沙剂中含有一定量的聚乙烯醇。聚乙烯醇用作聚醋酸乙烯乳液聚合的乳化稳定剂。用于制造水溶性胶粘剂。用作淀粉胶黏剂的改性剂。石家庄固沙剂主要是以淀粉衍生物来合成的。

6.3 固沙机理

6.3.1 固化过程

固化过程是化学固沙剂在沙面固结的主要环节。固沙剂喷洒到沙面后，就会渗入到沙层一定厚度（1~5mm）形成湿润薄沙层，能够有效地降低水的表面张力，增加对沙土的亲和力，提高水的渗透能力从而增强水的捕沙能力。固沙剂与沙粒之间按照不同机理，通过不同物理及化学方式，形成连续片状的沙面固结层。而那些化学胶结物质则滞留于一定的厚度（1~5mm）的沙层间隙中，将单粒的沙子胶结成一层保护壳，这个由湿润层变为满足性能要求沙面固结层的过程可称为"固化"。固结层以此来隔开气流与松散沙面的直接接触，从而起到防治风蚀的作用。固沙剂由喷洒到沙面形成的湿层，水分蒸发以后逐渐变成干层，在一定程度上促使固沙剂快速的成膜，还能够增加固沙剂的抗碾压强度，从而提高固沙剂的固沙性能。固沙剂在固化过程中在形态上有了很大的变化，即从液态状态逐步变为固态状态，固沙剂中所发生的变化主要是黏度的变化。固化过程的速度和达到的程度主要是由固沙剂本身组成成分所决定，但固化条件（温度、湿度、固结层厚度等）和被固沙面沙物质特性所决定的。

6.3.2 固化反应

沙粒主要成分是 SiO_2 及盐类，并且沙粒的表面还有少量的 $Si-OH$、Ca^{2+}、Mg^{2+} 等。当化学固沙剂与沙粒相互作用后，两者之间就会发生键合作用（化学作用）、螯合作用（络合作用，亦称交联作用）、吸附作用和架桥作用（絮凝作用）。

键合作用：化学固沙剂在沙粒中与碱土金属离子之间强烈相互作用（发生置换反应），置换出沙粒表面的阳离子后，从而减薄双电层厚度，降低沙粒表面的毛电势，大大提高沙土颗粒之间的黏合强度，促进沙土颗粒间的聚集、凝结。

吸附作用：化学固沙剂里的许多的大分子链被吸着在沙粒表面，大分子链同周围各个方面的相邻的大分子链相互联系，形成物理交联点。沙粒表面上的大分子链会把同它接触的水分子或沙粒等又吸住，形成一个空间网状结构。

絮凝作用：沙土颗粒在化学固沙剂的作用下通过彼此间的引力相互连接在一起，形成絮凝体。固沙剂为水溶性高分子，分子中含有大量极性羟基团，这种基团能吸附固体沙粒，双方相互作用后形成粒间桥键，使粒子间架桥而形成大的凝聚体。由于絮凝体或絮团形成疏松的纤维状结构，内部有大或小的空隙，一些细小的沙土颗粒可被捕获填充，从而使沙粒和高分子成为一个富有弹性的、坚固的、网络状的凝胶整体（固结层）。实质上就是沙子被镶嵌在这种固沙剂高分子（或高分子膜）之中。

聚乙烯醇类化学材料的分子链上含有大量羧基、羟基等而具有良好的水溶性，它还有良好的成膜性、黏结力，作为固沙剂的稳定剂已广泛使用。从聚乙烯醇加强土体稳定的过程和效果来看，稳定性的加强实质上是应用聚乙烯醇与黏土的反应。

一般说来，化学固沙剂是一种强亲水性的高分子材料，能溶解或溶胀于水中形成水溶液或分散体系。固沙剂的分子结构中含有大量的亲水基团如季氨基、羧基（-COOH）、磷酸基、羧酸基、羟基（-OH）、磺酸基（-SO$_3$H）和酰胺基等功能团。化学固沙剂分子量 20 000 左右，遇水可无限稀释，它以疏水性 C-C 键相连的大分子链为主链，含有-COOH、-OH 基团。亲水基团不仅使固沙剂具有水溶性，而且还具有化学反应功能，-COOH、-OH 基团和沙粒表面的 S$_i$-OH、Ca^{2+} 和 Mg^{2+} 等通过交联作用、吸附和架桥等物理化学作用于沙粒，相邻的松散细沙颗粒由高分子链相互搭接。大分子链把沙颗粒联结成为一个整体，从而增强了沙的强度和稳定性。同时，高分子链之间又互相交叉缠绕、联结成网状立体结构。当固沙剂失水后进一步固化，最终整个沙土成为一个较牢固的整体性空间网状结构（图6-9）。

6.4　显微镜观测

对进行保水性试验后的固结层和沙子团块应用爱国者数码观测王 GE-5 进行

观测。观测倍数 60 倍。从图 6-10 中可以看出，右边未加固沙剂的沙块空隙间隔较大，呈现松散排列。左边应用旱宝贝固沙剂的固结层表层相互黏连在一起，呈现胶结连接状态，感官比较紧实。

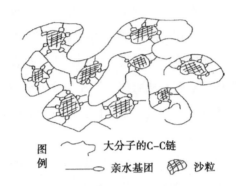

图例　～～ 大分子的C–C链　　—○ 亲水基团　　▨ 沙粒

图 6-9　高分子材料与沙子结合示意图（王银梅，2008）

图 6-10　左边为旱宝贝 40kg/亩的固结层、右边为沙子

6.5　结论

沙子的主要成分是硅酸盐。任丘的主要成分有可能是无机物。在固化的作用中主要是以物理作用和物理化学作用。石家庄、北京、大连、文安和威海等地的化学固沙剂组成中含有羟基，并可能含有苯环结构。其中，北京、威海的化学固结层 $3300 \sim 3400 cm^{-1}$ 处 O–H 伸缩振动吸收峰消失。说明北京、威海固沙剂与沙子发生反应中羟基与其他物质反应产生新的基团参与固化物理、化学方式进行固化。大连、文安和石家庄基本不变，但羟基发生一定的变化。

化学固沙剂是一种强亲水性的高分子材料，分子结构中含有大量的亲水基团。亲水基团不仅使固沙剂具有水溶性，而且还具有化学反应功能。固沙剂通过交联作用、吸附和架桥等物理化学作用于沙粒，使相邻的松散细沙颗粒由高分子链相互搭接，大分子链把沙颗粒联结成为一个整体，同时，高分子链之间又互相交叉缠绕、联结成网状立体结构，从而增强了沙的强度和稳定性。固结层失水后进一步固化，最终整个沙土成为一个比较牢固的整体性空间网状结构，从而起到固沙作用。

化学固沙作用机理既包含简单的物理、化学过程，也包含许多物质结构、胶体化学等方面的问题，是一个比较复杂的过程。深入进行化学固沙作用机理的研究，不仅有助化学固沙技术的操作性，而且也有助于为新型固沙剂的研制提供参考。

7 化学固沙剂引进应用评价

化学固沙就是对风沙危害地区易产生沙害的沙地（沙丘）喷施化学固沙剂，使化学固沙剂与沙粒之间通过物理化学作用形成一层固结层。固结层既能防止风蚀又能保持水分，同时又能改良沙地的性质，从而达到控制和改善沙害环境，提高沙地的土地生产力，因此，化学治沙技术可以作为生物治沙技术的先行措施。化学固沙研究已经有80年的时间，目前已有40多个国家开研制出150多种化学固沙材料，有部分固沙材料已投入沙化土地的治理实践当中。日益加剧的土地沙漠化是一个重要的生态环境问题，对风沙区经济、社会以及生态发展的产生严重的威胁，因此，改善生态环境保护人类生存环境已迫在眉睫。由于传统的工程固沙与生物固沙技术的机械化程度不高，并且生态效益也相对迟缓。所以，对固沙新技术和新材料的需求也越来越得到重视，面对种类繁多的固沙材料，引进与应用优良固沙材料并应用到沙漠的治理中是当前急需解决的问题之一，为此本项目引进7种不同的固沙剂，通过综合评价的方法筛选出优良固沙剂，为化学固沙提供理论依据。

7.1 材料

主要是从河北、辽宁和北京等地引进化学固沙剂7种，其中固体6种，液体1种见第2部分。

7.2　评价指标体系构建与方法

7.2.1　评价体系构建

　　建立的化学固沙剂引进筛选评价体系的框架包括三个层次。第一是目标层，既筛选出优良的化学固沙剂；第二层是影响因素层，包括施工难度、固结层耐水性、固化沙体强度特征、固结层基本特征和小叶锦鸡儿出苗情况 5 个影响化学固沙剂引进筛选的因素；第三个是指标层，包括具体的指标项。本文采取主观赋权法与客观赋权法相结合的方法来确定指标的综合权重，通过对所得主观权重和客观权重再应用修正系数进行修正，得到一综合的权重系数，从而使评价指标权重更能够符合实际情况，以评价引进固沙剂的优良（图 7-1）。

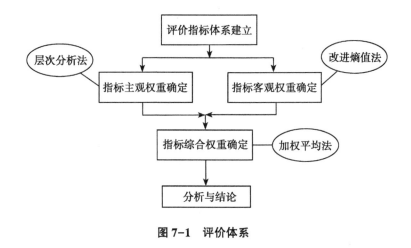

图 7-1　评价体系

7.2.2　指标选取

　　在确定评价指标体系时，按照化学固沙剂在试验中的不同特征进行选取。用指标体系来确定优良的化学固沙剂引进应用的这一综合性目标，选择的目的在于寻求一组具有典型代表意义、能全面反映化学固沙剂综合性目标各方面的特征指标，这些指标及其组合能够恰当地表达人们对该优良化学固沙剂性能综合目标的定量判断。因此，评价指标的选择和设置主要基于两方面的考虑，一是能够基本反映引进筛选的目的，二是固沙剂基本性质以及固沙效果数据的可获得性。通过对化学固沙剂的一系列试验基础上，结合固沙剂的一些基本特征，按照指标确定的通用原则，根据层次分析方法以及评价对象各组成部分之间的关系，构建了一个包含 20 个指标的化学固沙剂引进筛选评价指标体系。该层次结构体系的目标层为综合性指标，总体反映化学固沙剂引进生产需要的程度和水平（表 7-1）。

表 7-1　化学固沙剂引进筛选评价指标

目标	准则	指标层	单位	任丘	大连	威海	石家庄	北京	旱宝贝	文安
化学固沙剂筛选评价指标体系 S	施工难度 A1	固沙剂价格 B1	元/kg	18.0	28.0	35.0	20.0	30.0	30.0	16.5
		施工成本 B2	元/m^2	2.68	2.35	2.36	2.58	2.21	2.03	2.63
		污染性 B3	—X	1	3	1	1.1	1.0	1.3	1.2
	固结层耐水性 A2	黏度 B4	mm^2/s	553.81	3.25	85.2	251.12	6.60	1.20	550.07
		入渗深度 B5	cm	3.0	5.5	4.2	6.4	5.1	9.5	5.6
		入渗时间 B6	s	90.0	23.3	19.74	12.3	21.0	0.6	69.0
		水稳定性 B7	—	8.5	7.5	8.9	8.0	7.8	9.0	8.3
		透水性 B8	—	8.5	8.0	7.5	9	8.3	7.8	8.7
	固化沙体强度特征 A3	抗压强度 B9	MPa	1.54	2.12	2.64	1.79	2.27	2.32	3.16
		剪切力 B10	MPa	1.64	0.54	0.79	0.69	0.76	0.60	2.52
		老化强度损失 B11	%	9.3	10.8	8.2	9.8	7.5	7.9	7.1
		老化重量损失 B12	%	1.4	1.6	0.8	1.9	1.1	1.0	0.8
	小叶锦鸡儿生长的状况 A4	出苗时间 B13	d	5	6	5	6	8	6	6
		出苗率 B14	%	55	40	50	55	25	45	15
		株高 B15	cm	8.0	7.7	7.3	8.3	7.7	7.7	7.3
		萎蔫时间 B16	d	5	4	7	9	5	5	3
	固结层基本特征 A5	浸水后强度 B17	—	8.9	8.7	9.3	9.3	9.0	9.5	8.5
		温度 B18	℃	26.07	26.86	26.07	27.57	26.21	27.00	26.50
		风蚀率 B19	%	0.12	0.12	0.09	0.12	0.14	0.09	0.21
		保水性 B20	%	10.93	21.54	13.77	10.77	13.95	12.99	11.55

7.2.3 层次分析法（AHP）确定主观权重

层次分析法（Analytic Hierachy process，AHP）由美国运筹学家 T. L. Satty 提出的，是一种定性与定量分析相结合的多目标决策分析方法论。吸收利用行为科学的特点，是将与决策总是有关的元素分解成目标、准则、方案等层次，在此基础之上进行定性和定量分析的决策方法。对目标（因素）结构复杂而且缺乏必要的数据情况下，采用此方法较为实用，是一种系统科学中，常用的一种系统分析方法，因而成为系统分析的数学工具之一。根据指标体系的层次结构，逐层采取两两比较来确定因素间相对重要性的数值。通过逐步调整运算。

7.2.3.1 层次分析法分析过程

构造成对对比矩阵，从第二层开始使用对比矩阵和 1-9 标度方法，确定两两因素/指标比较结果。邀请专家对各因素之间的相对重要性进行评分，统计平均，采用 Delphi 法得到各因素/指标间的比较标度值，构成判断矩阵。判断矩阵表示针对上一层次的因素，本层次与之有关指标之间相对重要性的两两比较。判断矩阵通常引用 1-9 标度方法。

①构造判断矩阵，从上述列表比较结果中得到成对比较矩阵。

②计算最大特征向量。矩阵的最大特征值 λ_{max}。

③计算一致性指标。一致性指标 CI =（$\lambda_{max} - n$）/（$n-1$）。

④一致性检验。根据 n 值查表，得到随机性指标 RI 值（表 7-2），计算 CR = CI/RI。若 CR 小于或等于 0.1，则认可矩阵的不一致性可接受，既层次总排序通过一致性检验。

表 7-2　随机性指标 RI 值

(n)	1	2	3	4	5	6	7	8	9	10	11
RI	0	0	0.58	0.90	1.12	1.24	1.32	1.41	1.45	1.49	1.51

7.2.3.2 主观权重计算

根据指标体系的层次结构，逐层采取两两比较来确定因素间相对重要性的数值。一共建立 6 个判断矩阵，目标评价判断层 S，施工难度评价判断层 A1、固结层耐水性评价判断层 A2、固化沙体强度特征评价判断层 A3、小叶锦鸡儿出苗状况评价判断层 A4、固结层基本特征评价判断层 A5。通过以上步骤逐步调整运算，目标层和准则层权重和一致性检验结果见表 7-3 至表 7-9。

表 7-3　准则层对目标层的判断矩阵

S	A1	A2	A3	A4	A5	权重	显著性检验
A1	1	1/3	1/7	2	1/2	0.0855	$\lambda_{max}=5.4045$
A2	3	1	1/4	2	1	0.1704	CI=0.1011
A3	7	4	1	7	5	0.6231	RI〔5〕=1.12
A4	1/2	1/2	1/7	1	2	0.0070	CR=0.0903<0.1
A5	2	1	1/5	1/2	1	0.1139	

表 7-4　施工难度指标对准则层判断矩阵

A1	B1	B2	B3	B4	权重	显著性检验
B1	1	4	1/3	1	0.2282	$\lambda_{max}=4.1185$
B2	1/4	1	1/4	1/2	0.0893	CI=0.03951
B3	3	4	1	2	0.4701	RI〔4〕=0.90
B4	1	2	1/2	1	0.2124	CR=0.0439<0.1

表 7-5　固结层耐水性指标对准则层判断矩阵

A2	B5	B6	B7	B8	权重	显著性检验
B5	1	1/3	2	1/2	0.1673	$\lambda_{max}=4.0462$
B6	3	1	3	1	0.3813	CI=0.01539
B7	1/2	1/3	1	1/3	0.1069	RI〔4〕=0.90
B8	2	1	3	1	0.3445	CR=0.0171<0.1

表 7-6 固化沙体强度特征指标对准则层判断矩阵

A3	B9	B10	B11	B12	权重	显著性检验
B9	1	2	4	6	0.4949	$\lambda_{max} = 4.0780$
B10	1/2	1	3	5	0.3111	CI = 0.02655
B11	1/4	1/3	1	3	0.1329	RI〔4〕= 0.90
B12	1/6	1/5	1/3	1	0.0610	CR = 0.0295<0.1

表 7-7 小叶锦鸡儿出苗状况指标对准则层判断矩阵

A4	B13	B14	B15	B16	权重	显著性检验
B13	1	1/3	4	1/2	0.1792	$\lambda_{max} = 4.1636$
B14	3	1	5	3	0.5137	CI = 0.05454
B15	1/4	1/5	1	1/3	0.0713	RI〔4〕= 0.90
B16	2	1/3	3	1	0.2359	CR = 0.0606<0.1

表 7-8 固结层基本特征指标对准则层判断矩阵

A5	B17	B18	B19	B20	权重	显著性检验
B17	1	1/2	1/5	1/3	0.0882	$\lambda_{max} = 4.0146$
B18	2	1	1/3	1/2	0.1569	CI = 0.00486
B19	5	3	1	2	0.4832	RI〔4〕= 0.90
B20	3	2	1/2	1	0.2717	CR = 0.0054<0.1

表 7-9 主观权重计算结果

指标	主观权重 W_ω	指标	主观权重 W_ω	指标	主观权重 W_ω
B_1	0.2282	B_{10}	0.3111	B_{19}	0.4832
B_2	0.0893	B_{11}	0.1329	B_{20}	0.2717
B_3	0.4701	B_{12}	0.0610	A_1	0.0855
B_4	0.2124	B_{13}	0.1792	A_2	0.1704
B_5	0.1673	B_{14}	0.5137	A_3	0.6231
B_6	0.3813	B_{15}	0.0713	A_4	0.0070
B_7	0.1069	B_{16}	0.2359	A_5	0.1139
B_8	0.3445	B_{17}	0.0882		
B_9	0.4949	B_{18}	0.1569		

7.2.4　熵值法确定客观权重

基本原理：熵值法是利用评价指标的固有信息来判别指标的效应价值。从而在一定程度上避免了主观因素带来的偏差，其基本原理是：熵是对信息不确定性的度量，熵值越小，所蕴含的信息量越大。因此，若某个属性下的熵值越小，则说明该属性在决策时所起的作用越大。应赋予该属性较大的权重。这也就是可以用熵值法来确定评价指标的权重的依据。

在一定程度上避免了主观因素带来的偏差，其基本原理是：熵是对信息不确定性的度量，熵值越小，所蕴含的信息量越大。因此，若某个属性下的熵值越小，则说明该属性在决策时所起的作用越大，应赋予该属性较大的权重。这也就是可以用熵值法来确定评价指标的权重的依据。

（1）数据标准化。为使数据之间具有可比性，需要对初始数据作标准化处理。对正向指标用 $x'_{ij} = x_{ij}/x_j\min$ ，对负向指标用 $x'_{ij} = x_j\max/x_{ij}$ 。标准化值为 $y_{ij} = x'_{ij} / \sum_{i=1}^{m} x'_{ij}$ （$0 \leqslant y \leqslant 1$）（表7-10）。

表7-10　化学固沙剂引进筛选评价指标标准化值

目标	准则	指标层	任丘	大连	威海	石家庄	北京	旱宝贝	文安
化学固沙剂筛选评价指标体系 S	施工难度 A1	固沙剂价格 B1	0.1870	0.1202	0.0962	0.1683	0.1122	0.1122	0.2040
		施工成本 B2	0.1271	0.1450	0.1444	0.1320	0.1542	0.1678	0.1295
		污染性 B3	0.1711	0.0570	0.1711	0.1555	0.1711	0.1316	0.1426
		黏度 B4	0.0014	0.2345	0.0089	0.0030	0.1155	0.6352	0.0014
	固结层耐水性 A2	入渗深度 B5	0.0763	0.1399	0.1069	0.1628	0.1298	0.2417	0.1425
		入渗时间 B6	0.0058	0.0224	0.0265	0.0425	0.0249	0.8704	0.0076
		水稳定性 B7	0.1466	0.1293	0.1534	0.1379	0.1345	0.1552	0.1431
		透水性 B8	0.1471	0.1384	0.1298	0.1557	0.1436	0.1349	0.1505
	固化沙体强度特征 A3	抗压强度 B9	0.0972	0.1338	0.1667	0.1130	0.1433	0.1465	0.1995
		剪切力 B10	0.2175	0.0716	0.1048	0.0915	0.1008	0.0796	0.3342
		老化强度损失 B11	0.1304	0.1123	0.1478	0.1237	0.1616	0.1535	0.1707
		老化重量损失 B12	0.1138	0.0996	0.1992	0.0839	0.1449	0.1594	0.1992

（续表）

目标	准则	指标层	任丘	大连	威海	石家庄	北京	旱宝贝	文安
化学固沙剂筛选评价指标体系 S	小叶锦鸡儿出苗的状况 A4	出苗时间 B13	0.1678	0.1399	0.1678	0.1399	0.1049	0.1399	0.1399
		出苗率 B14	0.1930	0.1404	0.1754	0.1930	0.0877	0.1579	0.0526
		株高 B15	0.1481	0.1426	0.1352	0.1537	0.1426	0.1426	0.1352
		萎蔫时间 B16	0.1316	0.1053	0.1842	0.2368	0.1316	0.1316	0.0789
	固结层基本特征 A5	浸水后强度 B17	0.1408	0.1077	0.1412	0.1472	0.1424	0.1503	0.1345
		温度 B18	0.1400	0.1442	0.1400	0.1480	0.1407	0.1449	0.1423
		风蚀率 B19	0.1409	0.1409	0.1879	0.1409	0.1208	0.1879	0.0805
		保水性 B20	0.1145	0.2255	0.1442	0.1128	0.1461	0.1360	0.1209

（2）计算第 j 项的指标信息熵和信息效用。第 j 项指标的信息熵值为

$$e_j = -K \sum_{i=1}^{m} y_{ij} \ln y_{ij}$$

其中，$K = 1/\ln m$，$0 \leqslant e \leqslant 1$；第 j 项指标的信息效用价值为信息熵与 1 之间的差值，即 $d_j = 1 - e_j$。

（3）评价指标的权重。利用熵值法估算各指标的权重，其本质是利用指标信息的价值系数来计算的，其价值系数越高，对评价的重要性就越大。最后可以得到第 j 项指标的权重为 $W_j = d_j / \sum_{i=1}^{n} d_j$（表 7-11）。

表 7-11　化学固沙剂引进筛选评价指标客观权重值

目标	准则	指标层	信息熵 e_j	效用值 d_j	权重值 W_j
化学固沙剂筛选评价指标体系 S	施工难度 A1	固沙剂价格 B1	0.9807	0.0193	0.012 80
		施工成本 B2	0.9977	0.0023	0.001 53
		污染性 B3	0.9783	0.0217	0.014 44
		黏度 B4	0.4912	0.5088	0.337 98
	固结层耐水性 A2	入渗深度 B5	0.9723	0.0277	0.018 42
		入渗时间 B6	0.3057	0.6943	0.461 18
		水稳定性 B7	0.9990	0.0010	0.000 65
		透水性 B8	0.9991	0.0009	0.000 58

（续表）

目标	准则	指标层	信息熵 e_j	效用值 d_j	权重值 W_j
化学固沙剂筛选评价指标体系 S	固化沙体强度特征 A3	抗压强度 B9	0.9878	0.0122	0.008 12
		剪切力 B10	0.9121	0.0879	0.058 40
		老化强度损失 B11	0.9951	0.0049	0.003 28
		老化重量损失 B12	0.9766	0.0234	0.015 55
	小叶锦鸡儿出苗的状况 A4	出苗时间 B13	0.9949	0.0051	0.003 36
		出苗率 B14	0.9640	0.0360	0.023 92
		株高 B15	0.9995	0.0005	0.000 33
		萎蔫时间 B16	0.9717	0.0283	0.018 81
	固结层基本特征 A5	浸水后强度 B17	0.9996	0.0004	0.000 24
		温度 B18	0.9999	0.0001	0.000 05
		风蚀率 B19	0.9841	0.0159	0.010 56
		保水性 B20	0.9853	0.0147	0.009 79

7.2.5 综合权重确定

本文中评价指标综合权重确定的计算公式：

$$W = (1-t) W_\omega + tW_j$$

式中：W_ω——应用层次分析法计算得到的主观指标权重向量；

W_j——应用熵值法计算得到的客观指标权重向量；

t——修正系数，t 值的选取取决于熵值法确定的指标权重向量的差异程度，可按下式取值：$t = R_{En} * n / (n-1)$。

根据差异程度系数的原理，可按下式计算其取值：

$$R_{En} = 2/n (1 \cdot P_1 + 2 \cdot P_2 + \cdots + n \cdot P_n) - (n+1) /n$$

式中：n——指标个数；P_1，P_2，$\cdots$，P_n；

W_j——中各指标权重从小到大的重新排序。根据以上公式进行运算后，得到 $R_{En} = 0.8093$，$t = 0.8519$。

$W = 0.1481 W_\omega + 0.8519 W_j$，结果见表 7-12。

表 7-12 化学固沙剂引进筛选评价指标客观权重值

目标	准则	指标层	主观权重 W_ω	排序	客观权重 W_j	排序	综合权重 W	排序
化学固沙剂筛选评价指标体系 S	施工难度 A1	固沙剂价格 B1	0.0195	11	0.0128	10	0.0138	12
		施工成本 B2	0.0076	16	0.0015	15	0.0024	18
		污染性 B3	0.0402	7	0.0144	9	0.0183	8
	固结层耐水性 A2	黏度 B4	0.0182	13	0.3390	2	0.0906	2
		入渗深度 B5	0.0285	10	0.0184	7	0.0199	6
		入渗时间 B6	0.0650	4	0.4612	1	0.4025	1
		水稳定性 B7	0.0182	12	0.0007	16	0.0032	15
		透水性 B8	0.0587	5	0.0006	17	0.0092	14
	固化沙体强度特征 A3	抗压强度 B9	0.3084	1	0.0081	13	0.0526	4
		剪切力 B10	0.1938	2	0.0584	3	0.0785	3
		老化强度损失 B11	0.0828	3	0.0033	14	0.0151	11
		老化重量损失 B12	0.0380	8	0.0156	8	0.0189	7
	小叶锦鸡儿出苗的状况 A4	出苗时间 B13	0.0013	17	0.0034	15	0.0031	16
		出苗率 B14	0.0036	19	0.0239	4	0.0209	5
		株高 B15	0.0005	20	0.0003	18	0.0004	20
		萎蔫时间 B16	0.0017	18	0.0188	6	0.0163	10
	固结层基本特征 A5	浸水后强度 B17	0.0100	15	0.0002	19	0.0017	19
		温度 B18	0.0179	14	0.0001	20	0.0027	17
		风蚀率 B19	0.0550	6	0.0106	11	0.0171	9
		保水性 B20	0.0309	9	0.0098	12	0.0129	13

7.3 化学固沙剂引进筛选评价

7.3.1 单因素评价

从表 7-12 中可以看出。如果单纯的以层次分析法和熵值分析法，各指标的排序有一定的变动，差别较大。出苗率（排名差别 15）、透水性（排名差别 12）、抗压强度（排名差别 12）、老化强度损失率（排名差别 11）、黏度（排名差别 11）萎蔫时间（排名差别 12）、温度（排名差别 6）、风蚀率（排名差别

5)。对于一些固沙剂之间的指标通过综合评价后，一些指标的排序发生了很大变化。如抗压强度、萎蔫时间、温度等。综合评价中排名前九的是：入渗时间>黏度>剪切力>抗压强度>出苗率>入渗深度>老化重量损失>污染性>风蚀率。

7.3.2　综合评价

7种固沙剂综合得分高低分别为（表7-13）：旱宝贝（56.6667）>威海（11.6866）>大连（11.2003）>北京（8.2532）>文安（6.3373）>石家庄（5.8606）>任丘（4.9667）。

表7-13　化学固沙剂引进筛选评价指标综合得分

目标	准则	指标层	任丘	大连	威海	石家庄	北京	旱宝贝	文安
	施工难度 A1	固沙剂价格 B1	0.2581	0.1659	0.1328	0.2323	0.1548	0.1548	0.2815
		施工成本 B2	0.0305	0.0348	0.0347	0.0317	0.0370	0.0403	0.0311
		污染性 B3	0.3131	0.1043	0.3131	0.2846	0.3131	0.2408	0.2610
	固结层耐水性 A2	黏度 B4	0.0407	6.8146	6.1646	0.0872	3.3564	18.4589	0.0407
		入渗深度 B5	0.1518	0.2784	0.2127	0.3240	0.2583	0.4810	0.2836
		入渗时间 B6	0.2335	0.9016	1.0666	1.7106	1.0022	35.0336	0.3059
		水稳定性 B7	0.0469	0.0414	0.0491	0.0441	0.0430	0.0497	0.0458
		透水性 B8	0.1353	0.1273	0.1194	0.1432	0.1321	0.1241	0.1385
化学固沙剂筛选评价指标体系 S	固化沙体强度特征 A3	抗压强度 B9	0.5113	0.7038	0.8768	0.5944	0.7538	0.7706	1.0494
		剪切力 B10	1.7074	0.5621	0.8227	0.7183	0.7913	0.6249	2.6235
		老化强度损失 B11	0.1969	0.1696	0.2232	0.1868	0.2440	0.2318	0.2578
		老化重量损失 B12	0.2151	0.1882	0.3765	0.1586	0.2739	0.3013	0.3765
	小叶锦鸡儿生长的状况 A4	出苗时间 B13	0.0520	0.0434	0.0520	0.0434	0.0325	0.0434	0.0434
		出苗率 B14	0.4034	0.2934	0.3666	0.4034	0.1833	0.3300	0.1099
		株高 B15	0.0059	0.0057	0.0054	0.0061	0.0057	0.0057	0.0054
		萎蔫时间 B16	0.2145	0.1716	0.3002	0.3860	0.2145	0.2145	0.1286
	固结层基本特征 A5	浸水后强度 B17	0.0239	0.0234	0.0250	0.0250	0.0242	0.0256	0.0229
		温度 B18	0.0378	0.0389	0.0378	0.0400	0.0380	0.0391	0.0384
		风蚀率 B19	0.2409	0.2409	0.3213	0.2409	0.2066	0.3213	0.1377
		保水性 B20	0.1477	0.2909	0.1860	0.1455	0.1885	0.1754	0.1560
总分			4.9667	11.2003	11.6866	5.8060	8.2532	57.6667	6.3373

7.4 结论

以层次分析法和熵值分析法，各评价指标的排序有一定的变动，差别较大，但通过综合评价后，一些指标的排序发生了很大变化。如抗压强度、黄蒿时间、温度等。综合评价中排前九名的是：入渗时间>黏度>剪切力>抗压强度>出苗率>入渗深度>老化重量损失>污染性>风蚀率。七种固沙剂综合得分高低分别为：旱宝贝（56.6667）>威海（11.6866）>大连（11.2003）>北京（8.2532）>文安（6.3373）>石家庄（5.8606）>任丘（4.9667）。

性能优良的化学固沙剂应具备以下特点。

第一，喷洒固沙剂后沙面固定层有一定强度，耐风蚀性能较好。

第二，固沙剂有一定耐水性（水稳定性）。即使是在沙漠里也要求固沙剂具有一定的耐水性，固结层水稳定性好可保证固沙面在降雨或浇水情况下不被水冲蚀。

第三，固沙剂固结层有较好渗水、透水性，利于保墒。有利于渗透沙地中少量的雨水或浇灌水，较好地与植物固沙相结合。

第四，固结层浸水后干强度。固结层浸水后具有较高干强度，保证固结层不容易破裂，具有良好的长期固沙能力。

第五，所筛选的固沙剂要有较好保水性。化学固沙与植物固沙结合时，可长时间储存水分为植物生长提供水分。

第六，所筛选的化学固沙剂无污染性（即环境协调性）。化学固沙剂应既无毒副作用，又能与环境协调起来，不污染环境。

第七，所筛选的化学固沙剂具有一定的耐老化性。保证经历严酷的沙漠夏季而不至太快失去固沙性能。

第八，所筛选的化学固沙剂易于喷洒施工，容易渗透沙层，制备成本较低，以便大面积推广。

8 化学综合固沙技术研究

本书所采用的野外固沙综合试验主要涉及化学固沙剂浓度、施工和草方格的扎制等工作，化学固沙剂选用通过筛选出的北京金元易生产的旱宝贝液体固沙剂。

8.1 研究区概况及调查方法

8.1.1 研究区域概况

沙坡头国家级自然保护区位于中卫市西部，阿拉善高原东南部，总面积13 262.6hm²。由于深居内陆，靠近沙漠，气候属于属温带大陆性气候和沙漠气候特征，春暖迟、秋凉早、夏热短、冬寒长。保护区具有干旱少雨、蒸发强烈、温差大、光照充足、风大沙多气象灾害较多等特点。年平均气温 9.6℃，年平均降水量 100~300mm，年蒸发量 1500~2000mm，年平均日照时数达 2778.4h。沙坡头自然保护区主要保护对象为荒漠自然生态系统。区内种子植物有 440 种，其中裸果木、沙冬青等 3 种为国家重点保护植物，具有重要的保护和科研价值。

8.1.2 多样性调查方法

在退化沙地上与不喷施固沙剂的退化沙地对照，调查植物多样性、四度一量，分析植物多样性，了解化学固沙剂对退化沙地生态的恢复效果。调查在 2005 年 7 月 15 日进行，采用样方调查法，分别在 30kg/亩、40kg/亩、50kg/亩和对照四个地点取样。由于植被稀疏，按照 5m×5m 内，重复 3 次。记录每个样方内植物的种类、个体数、高度、盖度和生物量。α 多样性计算分析采用种丰富度指数

（Marg alef 指数）、种间相遇概率指数（PIE）、多样性指数（Shannon-Wiener 指数）、优势度指数（Simpson 指数）和均匀度指数 Pielou 进行分析。①丰富度指数（richness index）：Margalef（Ma）Ma =（$S-1$）/ln$N$；②种间相遇概率指数（PIE）PIE = N（$N-1$）/$\sum ni$（$ni-1$）；③多样性指数（diversity index）：Shannon-wiener 指数（H）H = $-\sum$（$Pi \ln Pi$）；④均匀度指数 Pielou（J）J =（$-\sum Pi \ln Pi$）/lns；⑤生态优势度指数 Simpson（D）$D = 1 - \sum_{i=1}^{s}$（Pi）^{2}。⑥重要值（IV）=（相对密度+相对高度+相对地上生物量）/3×100。式中 N 为样地内所有植物种个体数之和；ni 第 i 个物种的个体数；S 为样地内物种数；Pi 表示第 i 种物种的个体数占群落总个体数的比例。

微生物功能测定采用有 31 种碳源的生态板（Biolog-ECO）分析微生物群落的代谢特征，微生物在利用碳源过程中产生的自由电子，与四唑盐染料发生还原显色反应，颜色的深浅可以反映微生物对碳源的利用程度。ECO 生态板放到 30℃恒温培养。分别于 24h、48h、72h、96h、120h、168h 和 216h 时读数，测定波长分别为 590nm。平均颜色变化率（average well color development，AWCD）是反映土壤微生物代谢活性，即利用单一碳源能力的指标。

8.2 化学综合固沙探索试验

8.2.1 不同用量喷施试验

喷洒是在早晨进行，2013 年 5 月 10 日喷施，喷洒期间气温 15℃左右。喷施量从 20~50kg/亩，喷施总面积 1400m^2。当天下午观测表面已有很好的固结层。6 月 15 日观察：除固沙剂用量在 20kg/亩固结层表面表破坏严重，风蚀严重；用量在 30kg/亩固结层表面也容易破损，有风蚀痕迹；其他 2 个处理固结层厚从 2.5~5.5mm，用量在 40~50kg/亩固结层表面人可以在上面踩踏。喷施固沙剂的区域内有沙米（*Agriophyllum squarrosum*（Linn.）Moq.）、赖草［*Leymus secalinus*（Georgi）Tzvel.］生长。表明旱宝贝喷适量在 40kg/亩以上可以起到固沙作用，固沙植物的生长为化学–生物固沙提供了实践参考（表 8-1）。沙丘迎风坡部分固沙材料全部受到风蚀的破坏，沙丘的上部（沙脊）固沙材料也受到不同程度的风蚀破坏，背风坡固沙材料被沙子埋没（图 8-1）。

表 8-1　北京旱宝贝固沙剂的野外喷施效果

试验用量	抗风蚀能力	固结层厚度和强度变化
20kg/亩	表面结层破坏较多，风蚀严重	固结层厚 2~3.0mm，易碎。
30kg/亩	固结层有明显的风蚀痕迹	固结层厚 3.0~4.0mm，易碎表面有草长出
40kg/亩	固结层基本无风蚀痕迹，抗风蚀能力强	厚 4.0~4.5 硬度大，基本无破坏，表面有草长出
50kg/亩	固结层无风蚀痕迹，抗风能力强	厚 4.5~5.5mm，硬度大，无破坏，人能走动，表面有白草、小叶锦鸡儿、冰草长出

图 8-1　不同喷施量调查

8.2.2　化学–草方格复合固沙试验研究

为了进一步探索化学固沙模式，在 2013 年 6 月 22 日选择在上述试验的北边的沙丘草方格结合化学固沙。7 月 3 日在沙丘的迎风坡脚扎草方格，对沙丘整个迎风坡喷施 20kg/亩、40kg/亩，喷施总面积 1000m²。7 月 15 日调查。沙丘南部迎风坡固沙材料部分受到沙埋，刨去覆沙（图 8-2）固沙材料整体没有受到破坏。表明固结层只能将沙地就地固定，对过境风沙流中所携带的沙粒起不到防治效能，也不能阻止周围大面积的沙漠流动，造成迎风坡的固沙场地沙埋。反映出固沙材料的良好的固沙能力，对固沙起到一定的作用。并有植物沙米、赖草等沙生植物的生长，说明固沙剂可以保护植物种子不被沙埋过深或吹走，促进了沙丘植物的生长。

图8-2　化学-草方格复合试验

8.3　化学-植物固沙技术研究

8.3.1　不同处理对沙地撒播固沙植物出苗情况的影响

2014年6月中旬，在流动沙地扎5m×5m的草方格，每亩撒播小叶锦鸡儿与杨柴（*Hedysarum mongolicum* Turcz.）混合均匀的种子2kg。不喷施固沙剂为对照（CK），喷施30kg/亩、40kg/亩、50kg/亩，3个梯度的固沙剂，8月中旬调查，调查3次。

不同处理均比对照出苗情况好，表明应用固沙剂可以提高小叶锦鸡儿、杨柴的出苗。小叶锦鸡儿出苗情况各处理之间差异显著（$p<0.05$），说明固沙剂不同施用量对小叶锦鸡儿出苗具有一定影响。出苗以30kg/亩最好，为1.67株/25m²，对照最差为0.53株/25m²。总体小叶锦鸡儿出苗情况为30kg/亩>40kg/亩>50kg/亩>对照。杨柴出苗情况各处理之间差异不显著（$p>0.05$）。总体出苗率为30kg/亩>40kg/亩>50kg/亩>对照。小叶锦鸡儿出苗是杨柴的2~3倍。通过室外、室内试验对比：室内试验对照不同处理之间出苗率变化在5%左右，但在室外，由于水分、风吹等原因，造成对照出苗情况明显低于不同处理（表8-2）。

表 8-2　旱季撒播小叶锦鸡儿、杨柴出苗情况　　　　　　（株/25m²）

序号	50kg/亩		40kg/亩		30kg/亩		对照	
	小叶锦鸡儿	杨柴	小叶锦鸡儿	杨柴	小叶锦鸡儿	杨柴	小叶锦鸡儿	杨柴
1	4	2	9	2	10	5	2	1
2	4	1	7	3	6	3	3	2
3	5	2	6	2	9	3	3	1
合计	13	5	22	7	25	11	8	4
平均	0.87ABbc	0.33Aa	1.47ABab	0.47Aa	1.67Aa	0.73Aa	0.53Bc	0.27Aa

8.3.2　不同处理对沙地雨季条播出苗情况的影响

2014 年 6 月上旬先在流动沙地扎 5m×5m 的草方格，每个样方内条播三行，每行间距 1m。在 2014 年 6 月 20 日左右雨季，条播小叶锦鸡儿与杨柴混合均匀的种子 2kg。不喷施固沙剂为对照（CK），喷施 30kg/亩、40kg/亩、50kg/亩 3 个梯度的固沙剂，8 月中旬调查，重复 5 次。

不同处理均比对照出苗情况好，应用固沙剂可以提高小叶锦鸡儿、杨柴条播的出苗。小叶锦鸡儿出苗情况各处理之间在 5% 上存在差异，固沙剂不同施用量对小叶锦鸡儿出苗具有一定影响。出苗以 40kg/亩最好为 11.68 株/25m²，对照最差为 2.64 株/25m²。小叶锦鸡儿出苗情况：40kg/亩 > 30kg/亩 > 50kg/亩 > 对照。杨柴出苗情况各处理之间差异不显著。小叶锦鸡儿出苗是杨柴的 3~22 倍（表 8-3）。

表 8-3　雨季前播种小叶锦鸡儿、杨柴出苗情况　　　　　　（株/25m²）

序号	50kg/亩		40kg/亩		30kg/亩		对照	
	小叶锦鸡儿	杨柴	小叶锦鸡儿	杨柴	小叶锦鸡儿	杨柴	小叶锦鸡儿	杨柴
1	9	1	38	1	11	3	20	9
2	16	1	32	2	11	4	6	2
3	28	4	26	3	10	3	20	4
4	28	2	170	3	62	3	11	1
5	40	28	26	2	78	4	9	4

（续表）

序号	50kg/亩		40kg/亩		30kg/亩		对照	
	小叶锦鸡儿	杨柴	小叶锦鸡儿	杨柴	小叶锦鸡儿	杨柴	小叶锦鸡儿	杨柴
合计	121	36	292	11	172	17	66	20
平均	4.84Aab	1.44Aa	11.68Aa	0.44Aa	6.88Aab	0.68Aa	2.64Ab	0.8Aa

8.3.3 撒播与条播不同处理对比

雨季条播可以有效提高小叶锦鸡儿、杨柴的出苗。小叶锦鸡儿条播出苗率为撒播的 4.12~7.95 倍，杨柴条播出苗率为撒播的 0.93~4.36 倍（表 8-4）。

表 8-4　撒播与条播不同处理对比

处理	50kg/亩		40kg/亩		30kg/亩		对照	
	小叶锦鸡儿	杨柴	小叶锦鸡儿	杨柴	小叶锦鸡儿	杨柴	小叶锦鸡儿	杨柴
抢墒	4.84	1.44	11.68	0.44	6.88	0.68	2.64	0.80
撒播	0.87	0.33	1.47	0.47	1.67	0.73	0.53	0.27
倍数	5.56	4.36	7.95	0.94	4.12	0.93	4.98	2.96

8.4 化学-植物固沙技术多样性研究

喷施固沙剂后首先表现对退化沙地的人为干扰，会对植物群落产生一定影响。研究不同用量的固沙剂处理措施下生物多样性变化，将有利于制定科学的化学-生物固沙技术，为工程治理沙漠化提供技术参数。

8.4.1 群落丰富度及主要种的优势度变化

应用不同量的固沙剂在沙地表面形成不同厚度和结构的固结层，对群落优势度造成一定影响：与对照相比各处理猪毛菜、雾滨藜优势度降低，油蒿、虫实、沙米、柠条、杨柴优势度得到提高。重要值随着优势度增加而增加，随着优势度降低而降低；群落总体重要值：对照>40kg/亩>50kg/亩>30kg/亩（表 8-5）。

表 8-5   物种丰富度及主要种的优势度变化

处理	50kg/亩		40kg/亩		30kg/亩		对照	
物种	7		7		8		7	
指数	重要值	优势度	重要值	优势度	重要值	优势度	重要值	优势度
猪毛菜	7.13	2.97	4.16	0.63	6.41	0.67	9.44	3.23
油蒿	61.43	0.34	59.51	0.35	55.29	0.31	55.3	0.23
雾滨藜	5.38	1.07	16.24	17.22	10.66	7.12	19.67	19.1
沙米	14.53	14.39	6.19	1.91	10.76	7.12	9.82	5.18
虫实	3.58	0.63	6.56	1.41	3.56	0.38	2.29	0.13
砂蓝刺头	0	0	0	0	4.13	0.04	0	0
柠条	5.49	2.20	5.31	2.08	6.15	2.9	2.1	0.24
杨柴	2.46	0.34	2.04	0.21	3.04	0.58	1.38	0.05
合计	100.00	21.94	100.00	23.81	100.00	19.12	100.00	28.16

8.4.1.1 不同处理群落特征

在表 8-6 中，不同处理均比对照在植被高度、盖度、生物量均有提高，说明应用固沙剂后对植被的生长具有提高的作用。植被高度：40kg/亩（14.63cm）>30kg/亩（13.20cm）>50kg/亩（12.34cm）>对照（12.01cm）。盖度以对照最低仅为 2.5%，40kg/亩（18.1%）是对照 7.24 倍，30kg/亩（18.1%）是对照 4.8 倍，50kg/亩（8.5%）是对照 3.4 倍。密度以对照最高为 55.7，对照中主要是一年生植物数目较多，与 40kg/亩和 30kg/亩相差较小，但是 50kg/亩最小为 29.0，50kg/亩固结层较厚较硬，影响了一年生植物的出苗，比对照低 47.94%。生物量以 40kg/亩最高为 900.7g，其次 50kg/亩为 567.1g，30kg/亩为 451.0g，对照最低为 440.8g，对照尽管植株多，但大多为一年生植株，重量较轻。重要值变化以 40kg/亩（0.9329）最大，其次为 30kg/亩（0.7197），50kg/亩（0.6294）最低。

表 8-6   不同处理下植物群落特征

处理	高度/cm	盖度/%	密度/株·25m^{-2}	生物量/g	群落重要值
50kg/亩	12.34	8.5	29.0	567.1	0.6294

处理	高度/cm	盖度/%	密度/株·25m⁻²	生物量/g	群落重要值
40kg/亩	14.63	18.1	50.6	900.7	0.9329
30kg/亩	13.20	12.0	45.0	451.0	0.7197
对照	12.01	2.5	55.7	440.8	0.7179

8.4.1.2 不同处理生物多样性

不同处理 α 多样性变异较大（表 8-7）。其中，物种丰富度变化：30kg/亩最大为 1.8389 比对照高 23.21%。其次为 50kg/亩比对照高 19.38%。40kg/亩比对照高 2.45%。优势种相遇概率较高。物种多样性变化：以 30kg/亩最大为 1.5103，比对照高 13.99%，以 50kg/亩最低为 1.2949，比对照低 2.26%。均匀性指数是代表群落中不同物种分布的均匀程度。不同处理均匀性变化，以 30kg/亩为最大为 0.7263，随着固沙剂施用量增加而降低，但变化幅度相对平缓，与对照相比（0.6809）相比分别增加-2.28%、0.57%、6.67%。生态优势度变化：趋势与均匀性指数一致，说明几个处理群落基本特征相似，优势种不突出。

表 8-7 不同处理 α 多样性指数

处理	丰富度	多样性指数	均匀度	生态优势度
指数	Ma	H	J	D
50	1.7818	1.2949	0.6654	0.4111
40	1.5291	1.3325	0.6848	0.3936
30	1.8389	1.5103	0.7263	0.3404
对照	1.4925	1.3249	0.6809	0.3642

8.4.1.3 不同处理生物多样性关联

应用灰色关联度分析（表 8-8），群落特征对植物多样性影响，从整体来看，群落的高度对植物多样性影响较大，其次为生物量，第三为密度，盖度影响较小。

表 8-8　群落特征与多样性关联性

关联矩阵	指数	高度	盖度	密度	生物量
丰富度	Ma	0.4888	0.2603	0.2732	0.2763
多样性	H	0.5978	0.2854	0.3010	0.3573
均匀度	J	0.5890	0.2360	0.3459	0.3824
优势度	D	0.4573	0.1529	0.3137	0.2708

8.4.2　不同处理土壤微生物代谢活性的变化

荒漠土壤植被比较单一，基本没有自我更新和调节的能力，相对于其他类型的土壤，荒漠土壤中各种微生物类群的数量和比例受到土壤成分和植被的影响更大，土壤微生物对所生存的环境十分敏感，土壤微生物指标被公认为土壤生态系统变化的预警及敏感指标。

8.4.2.1　土壤微生物对碳源利用情况

通过因子分析法，微生物对碳源利用分类：因子 1 是氨基酸类，因子 2 是碳水化合物，因子 3 是聚合类，因子 4 是羧酸类（表 8-9）。

表 8-9　不同处理碳源统计

碳源	30kg/亩	40kg/亩	50kg/亩	对照
种类数	18	14	22	22
β-甲基-D-葡萄糖苷	—	0.4825	1.8624	1.8102
D-半乳糖酸 γ-内酯	0.1285	—	—	0.026
L-精氨酸	0.3260		1.0914	
丙酮酸甲酯	0.7757	0.1648	1.8252	1.4618
D-木糖/戊醛糖	—	0.4187		0.0364
D-半乳糖醛酸	—	—	—	—
L-天门冬酰胺	—	—	0.3857	0.1558
吐温 40	0.6054	0.0707	—	—
i-赤藓糖醇	0.3858	0.6062	0.8993	—

（续表）

碳源	30kg/亩	40kg/亩	50kg/亩	对照
2-羟基苯甲酸	—	—	—	—
L-苯丙氨酸	0.0447	—	0.3101	0.0603
吐温 80	1.1820	0.1486	0.3461	—
D-甘露醇	0.6291	0.1934	1.0993	1.3750
4-羟基苯甲酸	0.0520	—	0.1344	—
L-丝氨酸	0.0880	—	0.2055	0.1070
α-环式糊精	1.1190	—	0.2382	—
N-乙酰-D 葡萄糖氨	0.3376	—	2.1243	1.7676
γ-羟丁酸	0.0910	0.0760	0.1558	—
L-苏氨酸	—	—	0.2268	0.0460
肝糖	0.1161	0.2315	0.2048	0.0674
D-葡糖胺酸	0.3212	—	0.2107	0.147
衣康酸	0.0370	0.0490	0.1719	0.0643
甘氨酰-L-谷氨酸	—	—	0.2717	0.0422
D-纤维二糖	0.9842	0.0570	1.5481	1.3869
1-磷酸葡萄糖	—	—	0.0290	0.0290
α-丁酮酸	—	—	0.0460	0.0826
苯乙胺	—	0.0293	—	0.0320
α-D-乳糖	0.4745	0.2848	1.9107	0.8856
D, L-α-磷酸甘油	—	—	—	0.0113
D-苹果酸	—	—	—	0.728
腐胺	—	0.1360	—	0.0270
种类数	18	14	22	22

8.4.2.2 不同处理土壤微生物代谢活性的变化

平均颜色变化率（AWCD）是反映土壤微生物利用碳源的整体能力及微生物的代谢活性，是评价利用单一碳源能力的一个重要指标。从表 8-10 中可以看出，随着培养时间的增加，土壤微生物对全部碳源量呈现增加的趋势。土壤微生物对全部碳源利用的 AWCD 差异明显。在 168h 不同处理代谢活性依次为：50kg/

亩>对照>30kg/亩>40kg/亩。

表 8-10　不同处理土壤微生物 Biolog 平均颜色变化率

时间	30kg/亩	40kg/亩	50kg/亩	对照
0	0.0086	0.0386	0.0089	0.0188
24	0.2143	0.0181	0.0825	0.0271
48	0.0364	0.0137	0.0112	0.0212
72	0.1002	0.0364	0.1050	0.0704
96	0.0639	0.0177	0.2068	0.1589
120	0.0980	0.0333	0.2794	0.2023
144	0.1208	0.0488	0.3319	0.2339
168	0.1870	0.0704	0.4504	0.2756

8.4.2.3　不同处理土壤微生物多样性变化

不同处理 α 多样性变异较大（表 8-11）。其中，物种丰富度变化：以 50kg/亩最高比对照高 21.74%；其他处理均比对照低。40kg/亩最低仅比流沙地高，对照比流沙地高 1.42 倍。微生物多样性：50kg/亩与 30kg/亩基本接近，比对照高 11.4%~25.6%，总体上 50kg/亩>30kg/亩>对照40kg/亩>流沙地。均匀性指数是代表群落中不同物种分布的均匀程度。不同处理均匀性变化以 30kg/亩为最大为 0.8666，随着固沙剂施用量增加而降低，但变化幅度相对平缓，与对照相比（0.7138）相比分别增加 21.41%、16.91%、16.56%。说明立地条件越差，物种分布越不均匀，景观异质性越大。生态优势度变化：以 40kg/亩最大为 1.2307；比对照高 4.75%。总体流沙地>40kg/亩>对照>30kg/亩>50kg/亩，趋势与均匀性指数一致。说明几个处理群落基本特征相似，优势种不突出。

表 8-11　不同处理土壤微生物 α 多样性指数

处理	丰富度	多样性	均匀度	优势度
指数	Ma	H	J	D
30	12.3333	2.1694	0.8666	1.1452

（续表）

处理	丰富度	多样性	均匀度	优势度
40	7. 6667	1. 6774	0. 8345	1. 2307
50	18. 6667	2. 4323	0. 8320	1. 1092
对照	15. 3333	1. 9466	0. 7138	1. 1748

8.4.3　植物多样性与微生物多样性相互影响

环境因素和人类干扰对生态系统的影响要高于生物多样性，应用化学固沙剂改变了植物生长的生境。生态系统地上和地下部分之间具有密切联系，即地上部分丰富的物种多样性可以引起作为地下生物资源微生物的多样性，而土壤微生物多样性对地上植物多样性又具有反馈作用。

8.4.3.1　群落特征对土壤微生物多样性的影响

不同处理会造成植物生境变化，影响植物群落的结构和组成的变化会导致植物物种组成的差异，并对微生物产生重大影响（表8-12）。应用灰色关联度分析，从相关性来看，群落的高度对微生物多样性影响较大，其次为密度，第三为生物量，盖度影响较小。与群落特征对植物多样性影响基本相似，群落特征对微生物丰富度影响：高度（0.3911）＞密度（0.3162）＞生物量（0.3054）＞盖度（0.2866）。多样性影响：高度（0.4605）＞盖度（0.3417）＞生物量（0.2816）＞密度（0.2520）。均匀度影响：高度（0.5760）＞密度（0.3722）＞生物量（0.2783）＞盖度（0.1918）。对优势度影响：高度（0.5603）＞密度（0.3989）＞生物量（0.3589）＞盖度（0.1950）。群落特征的不同对土壤微生物多样性的影响在一定的空间尺度上具有相似的环境条件下，随着植物类型的不同，土壤微生物活性和群落结构表现出一定的差异，植物类型初步决定了微生物群落的组成。

表8-12　群落特征对土壤微生物多样性影响

关联矩阵	指数	高度	盖度	密度	生物量
丰富度	Ma	0. 3911	0. 2866	0. 3162	0. 3054

（续表）

关联矩阵	指数	高度	盖度	密度	生物量
多样性	H	0.4605	0.3417	0.2520	0.2816
均匀度	J	0.5760	0.1918	0.3722	0.2783
优势度	D	0.5603	0.1950	0.3989	0.3589

8.4.3.2　植物多样性对土壤微生物多样性的影响

植物对土壤微生物的影响研究表明，植物组成和群落结构能够明显地改变植物根际土壤微生物的群落结构和多样性。大量研究表明，植物通过影响土壤环境，进而影响土壤微生物群落结构和多样性，土壤微生物多样性与覆盖于土壤上的植物群落多样性呈正相关。应用固沙剂适用量增加植物、微生物多样性都表现为减少，而植物、微生物优势度都表现为增加。植物多样性与微生物多样性排序一致，应用回归分析表明土壤微生物多样性与植物多样性之间存在直线相关：$y_{(微生物)} = -1.843\,00 + 2.8554x_{(植物)}$（$R^2 = 0.7551$），也表明植物多样性对土壤微生物多样性产生一定影响。植物优势度与微生物优势度排序一致，应用回归分析表明土壤微生物优势度与植物优势度之间存在直线相关：$y_{(微生物)} = 0.673\,84 + 1.3016x_{(植物)}$（$R^2 = 0.6663$），也表明植物优势度对土壤微生物优势度产生一定影响。植被多样性高的土壤有利于微生物的生长和繁殖，更有利于微生物的代谢过程以及多样性的产生。

8.4.3.3　土壤微生物多样性对植物多样性的影响

植物根系给土壤微生物提供了一个特殊的生态环境，某些土壤微生物可以通过与植物之间的种间关系影响植物发育、群落结构和演替。应用灰色关联度分析（表8-13），应用灰色关联度分析，以微生物优势度对植物多样影响较大，其次为微生物多样性，第三为微生物均匀度，最低为丰富度。微生物多样性对植物丰富度影响：J（0.4719）>D（0.4405）>H（0.3382）>Ma（0.3240）。多样性影响：D（0.4489）>H（0.3739）>J（0.3075）>Ma（0.1945）。均匀度影响：D（0.5089）>J（0.3965）>H（0.3322）>Ma（0.1857）。对优势度影响：D

（0.5335）>H（0.4673）>J（0.4539）>Ma（0.1775）。主要是由于沙地中植物种类少，微生物群落中优势种发挥对植物的作用：为植物提供有机养料和生长素类物质；提高土壤矿质养料的有效性。土壤微生物影响植物营养的吸收，因此土壤微生物的种类必然会影响到植物种类的生长，植物优势种数目增多，从而影响植物优势度，进一步影响多样性，它们都表现出特殊的形态和生理功能。微生物多样性与植物优势度相关性大于多样性系数，土壤微生物的类型与地上植被有相互制约和依存的关系。土壤微生物和地上植被是不可分割的整体，它们互相影响、互相制约，为生态系统的多样性和稳定性提供了有利条件。

表 8-13　土壤微生物多样性对植物多样性的影响

关联矩阵			微生物多样性			
			丰富度	多样性	均匀度	优势度
			Ma	H	J	D
植物多样性	丰富度	Ma	0.3240	0.3382	0.4719	0.4405
	多样性	H	0.1945	0.3739	0.3075	0.4489
	均匀度	J	0.1857	0.3322	0.3965	0.5089
	优势度	D	0.1775	0.4673	0.4539	0.5335

8.4.3.4　水热条件对多样性影响

通过对水热因子与植物多样性、微生物功能多样性进行回归得到以下数学模型：

$$H_{(植物多样性)} = -1.8201 + 0.0062X_2X_7 - 0.0013X_5X_7 \quad (P = 0.0044 \quad R^2 = 0.9999)$$

式中：X_2——10cm 地温；

　　　　X_5——25 cm 地温；

　　　　X_7——20-40 体积含水量。

$$H_{(微生物功能多样性)} = -2.2645 + 0.0008X_2X_{10} + 0.0170X_4X_6 \quad (P = 0.0006; \ R^2 = 0.9999)$$

式中：X_2——10cm 地温；

X_4——20cm 地温；

X_6——0~20 体积含水量；

X_{10}——80~100 体积含水量。

8.4.4 化学-生物固沙技术的综合评价

通过对化学固沙剂与固沙植物之间的相互影响等进行综合评价为制定合适的化学—生物固沙技术，提供理论依据。对不同固沙剂水热条件、生物多样性、固结层特征以及植物生长情况选取 14 个指标（表 8-14），应用 DPS 进行幂法、综合权重法评价（表 8-15）。

表 8-14 化学固沙剂不同处理评价指标

目标	准则	指标层	单位	50	40	30	对照
评价指标体系	水热条件	地温	元/kg	34.11	33.36	34.26	34.46
		体积含水量	元/m²	14.92	15.66	15.81	14.49
		渗透系数	/	0.568	0.656	0.732	1.412
	生物多样性	生物量	cm	567.1	900.7	451.0	440.8
		植物多样性	s	1.2949	1.3325	1.5103	1.3249
		微生物多样性	/	2.4323	1.6774	2.1694	1.9466
		种群重要值	/	0.6294	0.9329	0.7197	0.7179
	固结层特征	抗压强度	MPa	2.3232	1.5545	1.3351	0.6786
		剪切力	MPa	0.5998	0.4768	0.3616	0.0892
		风蚀率	%	0.03	0.06	0.12	0.69
	植物生长状况	出苗时间	d	5.43	5.57	5.14	5.0
		出苗率	%	59.06	61.41	65.23	70.00
		条播出苗	株/25m²	4.84	11.68	6.88	2.64
		萎蔫时间	d	4.71	4.57	4.43	3.0

表 8-15 综合评价结果

处理	幂法	名次	行均值	名次	综合权重	名次
50	80.36	3	86.37	3	85.99	3
40	100.00	1	100.00	1	100.00	1

（续表）

处理	幂法	名次	行均值	名次	综合权重	名次
30	86.18	2	95.00	2	94.45	2
对照	57.88	4	76.35	4	75.18	4

结果表明以 40kg/亩、30kg/亩、50kg/亩、对照。最大特征根 Lambda＝2.0460，评价矩阵一致性指标 CI＝0.6513，评价矩阵的随机一致性指标 RI＝0.8862，评价矩阵的随机一致性比值 CR＝0.7350。

8.5　化学-草方格复合固沙技术试验

8.5.1　流动沙丘固沙剂-草带固沙试验

2014 年 6 月 22 日在沙坡头沙博园，在南北走向的流动沙丘上，自南向北按 100m×15m 设置 3 个处理，喷施前在流动沙丘上按 5m 宽距离扎三条草带。固沙剂按照 30kg/亩、40kg/亩、50kg/亩 3 个梯度设计，喷施面积 4500m²。8 月 10 日进行调查。结果表明：喷施固沙剂后，固沙试验场地都得到了很好的固结效果，起到了很好的防风固沙作用。固沙剂喷施量对固结效果也产生了一定的影响，随着固沙剂用量的增加，固沙效果越来越好，作用也越明显。30kg/亩有 20% 以上风蚀现象。30kg/亩有 10% 以上风蚀现象，50kg/亩除部分沙丘迎风坡呈屋脊状的地方有风蚀现象。草带起到很好的防风蚀作用，尽管试验区风力较大，沿着草带的地方固结层没有风蚀的现象，与以往试验相比没有造成大面积的风蚀现象（图 8-3，图 8-4）。

8.5.2　平坦流动沙地固沙剂-草方格固沙试验

在流动沙地上，先扎 1m×1m，5m×5m 草方格两种处理，每个处理 100m²。固沙剂按照 30kg/亩、40kg/亩、50kg/亩 3 个梯度设计，喷施面积 600m²。2014 年 8 月 10 日进行调查。固沙剂结合草方格后无论 1m×1m，5m×5m 草方格都没有

图8-3 流动沙丘草带-化学固沙技术（左固沙剂喷施，调查现场）

图8-4 平坦流动沙地固沙剂-草方格固沙试验

发生风蚀现象。

8.5.3 丘间低地固沙剂-草方格固沙试验

在丘间地，先扎 5m×5m 草方格，每个处理 250m²。固沙剂按照 30kg/亩、40kg/亩、50kg/亩 3 个梯度设计，对照以未喷施固沙剂。喷施面积 750m²。2014 年 8 月 10 日进行调查。结果：几种处理均未发生风蚀现象。流沙地喷施化学固沙剂后，起到了一定的固结作用以后，流沙得到固定后就需要有固沙植物的生长，多年生固沙植物对沙漠化地区的保护和抑制土地沙漠化的作用要比化学固沙的作用时间要长。经过 2~3 年的时间，固沙植物成活、长大后，通过沙地表面形成的结皮和植物，使"化学-生物"作用就能起到长期有效的防风固沙作用（图8-5）。

图8-5 丘间低地固沙剂-草方格固沙试验

8.5.4 "化学-生物-工程"复合固沙综合技术

结合我国近年来的化学固沙成果，采用"化学-生物-工程"复合固沙综合技术是非常可行的。具体做法是：在需要固沙区域设置沙障或扎草方格，同时喷洒化学固沙材料。野外化学固沙综合试验主要涉及：化学固沙材料的选择，当地的气象、地质条件，适合当地环境固沙植物灌木-草种的选择，机械沙障的建造和草方格的扎制等工作。化学固沙的作用主要是让固沙植物能够成活和固定，成活后的固沙植物在随后的几年中逐渐起到防风固沙作用，从而弥补化学固沙周期短的不足。在沙丘迎风坡，对沙脊进行平缓处理，降低坡度，扎5m×5m草方格，在雨季条播固沙植物种子，再喷洒旱宝贝固沙剂50kg/亩。对没有高大的沙丘区域，流动沙地相对较为平缓的地方，先在风口方向扎5m间距草带，对施工外围全部用草带扎边。立地条件恶劣的地方可以扎2m×2m草方格。在雨季条播固沙植物种子，再喷洒旱宝贝固沙剂40kg/亩。

①在水源条件较好的沙漠地区，可先用水或乳化剂的稀溶液湿润沙面，既稳定沙面又克服沙粒间存在着的强烈吸附作用和电性作用，以增加化学治沙液的渗透深度。

②喷洒速度不宜太快，也不应太慢，使喷出的化学治沙液能均匀渗入沙层。

③喷洒时要求与沙面保持一定距离。当距离太远时喷洒力度不够，沙面会形

成小麻点；距离太近时，因力度太强，沙面会形成凹凸不平的小坑。喷洒时还须使喷出液与沙面保持一定角度，避免垂直落下。

④喷洒应在无风天气下进行，如遇小风要注意风向，不能顺风和逆风，顺风时将造成液珠飘落，致使沙面出现不均匀麻点；逆风时会造成操作不安全，应以侧风向喷洒。

⑤选择在较热季节喷洒，以保持沙面有足够温度，使固沙剂有较好的渗透速度和渗透深度。

⑥喷洒过程中需边喷边退，注意保护已治理沙面。

8.6　结论

（1）固沙植物撒播后应用化学固沙剂喷施不同量均比对照出苗情况好，表明应用固沙剂可以提高小叶锦鸡儿、杨柴的出苗。小叶锦鸡儿出苗情况各处理之间存在显著差异：30kg/亩>40kg/亩>50kg/亩>对照。固沙植物雨季抢墒条播，应用化学固沙剂喷施不同量均比对照出苗情况好：40kg/亩>30kg/亩>50kg/亩>对照。杨柴出苗情况各处理之间差异不显著。小叶锦鸡儿出苗是杨柴的3~22倍。雨季条播可以有效提高小叶锦鸡儿、杨柴的出苗。小叶锦鸡儿条播出苗率为撒播的4.12~7.95倍，杨柴条播出苗率为撒播的0.93~4.36倍。

（2）应用固沙剂后对群落优势度造成一定影响，各处理猪毛菜、雾滨藜优势度降低，油蒿、蒙古虫实、沙米、小叶锦鸡儿和杨柴优势度得到提高；不同处理比对照植被高度、盖度、生物量均有提高，说明应用固沙剂后对植被的生长具有促进作用，以40kg/亩处理最好。物种多样性变化以30kg/亩最大，比对照高13.99%，以50kg/亩最低为1.2949，比对照低2.26%。

（3）结合我国近年来的化学固沙成果，采用"化学—生物—工程"固沙综合技术是非常可行的。具体做法是：在需要固沙区域扎草方格，同时喷洒化学固沙材料。扎5m×5m草方格，在雨季条播固沙植物种子，再喷洒旱宝贝固沙剂50kg/亩。流动沙地相对较为平缓的地方，先在风口方向扎5m间距草带，对施工外围全部用草带扎边。在雨季条播固沙植物种子，再喷洒旱宝贝固沙剂40kg/亩。

9 结论与讨论

土地沙漠化是一个重要的生态环境问题，它对我国经济、社会以及生态发展的产生严重的损害。松散的沙土在干旱和大风频发的气候条件下，造成植物成活困难，土地风蚀严重，同时引起沙尘暴等环境灾害。宁夏经过多年的努力奋斗，通过大面积沙漠化治理、三北防护林、退耕还林还草等生态工程的实施，使宁夏生态建设取得了显著成绩。但部分地区生态环境仍十分脆弱，党的十八大精神把生态文明提到一个新的高度，就需要大力推进生态文明建设，保护好我们生存、生活、生产的这片土地。因此，开展化学固沙对改善宁夏生态环壤，促进经济、生态、社会发展具有积极意义。

9.1 结论

通过对众多化学固沙剂固沙性能和效果进行检测，揭示化学固沙剂基本性质，筛选出比较适宜固沙剂品种，并在野外试验开展固沙应用试验，了解化学-生物固沙对退化沙地综合治理效果，以期制定科学的化学-生物固沙技术，为工程治理沙漠化提供技术依据。初步结论如下。

（1）不同固沙剂固结层保水性均较对照高，且以旱宝贝、威海、北京和大连效果较好。旱宝贝和威海固沙剂耐水性及抗风蚀效果最好，水稳定性、溅蚀、浸水干后强度最大，固沙效果最好。文安、石家庄固沙剂抗风蚀效果较差。

（2）性能优良的化学固沙剂，喷洒后沙面固定层有一定强度；较高的浸水后干强度体现良好的长期固沙能力；优良的化学固沙剂具有一定的耐老化性，保证经历严酷的沙漠夏季而不至太快失去固沙性能。以北京、旱宝贝、文安和威海4种固沙剂最好。

（3）固沙剂可以保存一定的土壤水分，利于植物种子的萌发和出苗，且随着固沙剂喷施量的增加，植物出苗时间有所增加。同一固沙剂不同浓度或不同固沙剂同一浓度对小叶锦鸡儿凋萎时间的影响不同，施用浓度越大，凋萎时间越长。

（4）施用任丘固沙剂小叶锦鸡儿出苗率最高，文安出苗率最低，其他固沙剂小叶锦鸡儿的出苗率与对照比较接近。不同时间施用固沙剂对小叶锦鸡儿出苗也产生影响，8月施用固沙剂的小叶锦鸡儿出苗率较6月高，6月和8月施用固沙剂后小叶锦鸡儿株高、凋萎时间的趋势均一致。

（5）任丘的化学固沙剂红外光谱图中，只在1100cm⁻¹附近有一强吸收峰，该产品中的主要成分有可能是无机物。固结层3300~3400cm⁻¹处出现O-H伸缩振动吸收峰，任丘固沙剂与沙土反应形成的固结层有羟基基团在发生重要的作用。不同化学固沙剂形成的固结层红外光谱图除3300~3400cm⁻¹处O-H伸缩振动吸收峰有变化之外，其他部分与沙子的红外光谱图相似。其中，北京、威海的化学固结层3300~3400cm⁻¹处O-H伸缩振动吸收峰消失。大连、文安和石家庄基本不变，但羟基发生一定的变化。固沙剂中含有一定量的聚乙烯醇。

（6）运用层次分析法和熵值法，建立化学固沙剂引进筛选评价指标。7种化学固沙剂综合得分高低排序为：旱宝贝（56.6667）＞威海（11.6866）＞大连（11.2003）＞北京（8.2532）＞文安（6.3373）＞石家庄（5.8606）＞任丘（4.9667）。

（7）固沙植物撒播、条播后喷施不同剂量化学固沙剂均能提高出苗率。小叶锦鸡儿条播比撒播提高4.12~7.95倍，杨柴条播比撒播提高0.93~4.36倍。

（8）应用固沙剂后对植物群落优势度造成一定影响，各处理猪毛菜、雾滨藜优势度降低，油蒿、蒙古虫实、沙米、小叶锦鸡儿和杨柴优势度增加；应用固沙剂后对植被的生长具有促进作用，不同处理植物群落高度、盖度、生物量均高于对照，其中以40kg/亩处理最好。物种多样性变化以30kg/亩最大，以50kg/亩最低。

9.2 存在问题

（1）化学固沙野外施工试验，首先要考虑野外固沙环境的实际情况：主要是了解不同沙漠地区的气候环境及植物生长环境；合适的喷施季节；试验区域沙质构成、组成等特性；植被种类、固沙植物的生活习性以及种植方式。其次考虑施工的难易程度：水源地的远近；适合沙漠地区作业的喷洒设备以及喷施方式；喷施后期的管理等。前期作业中由于没有很好的考虑当地的气象以及固沙植物的种植方式，在进行试验过程中在沙坡头均有强风的气候，同时种植的固沙植物没有得到很好的管理，均对试验操作带来极大的负面影响。

（2）固沙剂的喷施工艺。前期试验主要采用农药机械进行人工移动作业。在移动过程中，地势、压力、风力等因素造成了喷施固沙剂不均匀，所形成的固结层薄厚不均匀。固结层过厚，虽固结性能优良，便于抗风蚀作用，但不利于植物出苗；固结层过于薄，固结面不耐风蚀，容易造成大面积形成风湿坑，同时固沙植物种子也容易被风吹走或者沙埋，达不到预期效果。因此在喷施固沙剂时，要尽量选择天气比较晴好的时候，喷洒水管移动能够配合好喷枪的运动，减少喷施厚度不均匀的现象发生。喷施固沙剂后能够形成一层具有一定强度和韧性的保护层，起到固沙作用。风季过后，在沙丘脊梁和部分表面部分表面出现裂痕，固结层遭到破坏，一是由于对沙丘脊梁没有实行处理，喷施过程中由于滑坡，造成喷施厚度不均匀，二是由于喷施过程中由于水管在固结层没有干燥的情况，磨破了部分的固结层，对固结层的保护措施不利等因素造成的。当固结层出现孔洞或裂痕后，由于风蚀作用，就会形成大面积破坏。因此，试验后期应采取必要措施，尽量避免或减少这些不利因素。

（3）当固沙场地固结层表面出现孔洞或裂痕后，在风蚀长时间的作用下形成大面积的破坏。化学固沙与草方格相结合的"化学-工程"复合固沙综合技术，能够有效解决上述问题，草方格在固结层四周降低地表粗糙度，降低风蚀作用，即使一两个草方格内的固结层发生破裂损坏，但不影响大面积的固结层发挥的固沙作用，很快起到了抑制风沙流动、固定流沙的作用，"化学-工程"复合固沙综合技术在固定流沙方面起到很好的协同作用。

（4）由于试验考虑不周以及时间关系，在试验期过程中遇到了很多自然因素的影响，例如：在春季大风较多，所种植的小叶锦鸡儿、杨柴未等喷施固沙剂已经被风吹走或埋掉。影响了化学固沙的固沙效果和植物的成活。在以后的化学固沙试验中，建议要充分考虑这些因素，尽量降低这些不可预料和不可抗拒自然因素对试验的影响，从而保证更深入的野外"化学–生物–工程"复合固沙综合试验能够顺利开展。

（5）化学固沙需要大面积开展，小面积的试验容易受到周围环境的影响，造成固沙材料的破坏。野外化学固沙试验需要大量的人力和财力的支持，由于资金的不足，一些系统性的研究无法开展。

9.3　讨论

目前，固沙技术主要有：生物固沙技术、工程固沙技术与化学固沙技术。3种固沙技术各有特点：工程固沙优势在于快速有效，缺点是成本高、环境相容性差；植物固沙优势能够很好地保护生态环境，是最好的固沙方式，缺点是在沙漠或沙地恶劣的气候水文条件，固沙植物难以种植甚至难以存活；化学固沙优势能够机械化、规模化操作，缺点是成本稍高。多年来，我国在流动沙丘上实行的"工程–生物"综合技术措施取得了防风固沙的成功范例。现代防沙工程对固沙技术的要求是高效廉价、快速方便、环境协调，结合化学固沙、工程固沙及生物固沙各自的特点，使得"化学–生物–工程"复合固沙技术成为理想的固沙方式，这种方式有机融合化学固沙、生物固沙和工程固沙技术是有效治理沙漠化的发展方向。

化学固沙就是利用化学材料与工艺，对风沙危害地区易产生沙害的沙丘或沙地进行喷施化学固沙剂，使化学固沙剂与沙粒之间相互作用形成一层固结层。固结层形成一个封闭层，具有吸热作用，同时减缓沙层热量散发，对下层沙层起到保温作用。固结层不仅保护表层沙土免受风蚀，而且也有利于植物种子不被吹走或沙埋，同时又保护了土壤有机质的保存不被吹蚀。固结层的增温功能在沙区对固沙植物的发芽生长比较有利，可促进苗木的成活。固结层既能防止风力吹扬沙粒又能保持水分和改良沙地的性质，从而达到控制和改善沙害环境，提高沙区的土地生产力。因此，化学固沙与植物固沙的结合，不仅固定了流沙的移动，而且也促进了植物的生长，提高植物的成活率，改善了生态环境。因此，将化学-生物-工程复合固沙措施结合起来将是困难立地沙区建立防风固沙植被的新途径。

参考文献

鲍雅静，李政海，仲延凯.2004.内蒙古羊草草原17年刈割演替过程中功能群组成动态及其对群落净生产力稳定性的影响［J］.植物学报，46（10）：1155-1162.

毕江涛，贺达汉.2009.植物对土壤微生物多样性的影响研究进展［J］.中国农学通报，25（9）：244-250.

曹成有，腾晓慧，崔振波，等.2006.植物固沙工程对土壤微生物活性的影响［J］.辽宁工程技术大学学报，25（4）：606-609.

曹晓锋.2009.固尘抑尘剂的研制［D］.呼和浩特：内蒙古工业大学.

陈灵芝，钱迎倩.1997.生物多样性科学前沿［J］.生态学报，17（6）：565-572.

陈声明，林海萍，张立钦.2007.微生物生态学导论［M］.北京：高等教育出版社.

陈祝春.1989.沙丘结皮层形成过程的土壤微生物和土壤酶活性［J］.环境科学（1）：19-23.

丁亮.2004.SH化学固沙材料固化体的工程性质研究［D］.兰州：兰州大学.

丁庆军，许乡俊，陈友治，等.2000.化学固沙材料研究进展［J］，武汉理工大学学报，25（5）：27-29.

丁向南.1992.渣油乳液结合植物固沙的试验研究［J］.中国沙漠，12（2）：47-52.

段巧甫.1995.防治沙漠化是水土保持工作的一项重要内容［J］.中国水土

保持，1：3-8.

杜国祯，覃光莲，李自珍，等 . 2003. 高寒草甸植物群落中物种丰富度与生产力的关系研究 [J]. 植物生态学报，27（1）：125-132.

杜峰，项尚林，方显力 . 2012. 内交联型可生物降解水性聚氨酯固沙剂的合成 [J]. 中国农学通报（28）：202-206.

杜玮超，袁霞，曲同宝 . 2011. 土壤微生物多样性与地上植被类型关系的研究进展 [J]. 当代生态农业，1：14-17.

冯新泸，史永刚 . 2002. 近红外光谱及其在石油产品分析中的应用 . 北京：中国石化出版社 .

高波 . 2007. 基于 DPSIR 模型的陕西水资源可持续利用评价研究 [D]. 西安：西北工业大学 .

高婷，张源沛 . 2006. 荒漠草原土壤微生物数量与土壤及植被分布类型的关系 [J]. 草业科学，12（23）：22-25.

郭显光 . 1998. 改进的熵值法及其在经济效益评价中的应用 [J]. 系统工程理论与实践，12（12）：98-102.

韩致文，胡英娣，陈广庭，等 . 2000. 化学工程固沙在塔里木沙漠公路沙害防治中的适宜性 [J]. 环境科学（5）：86-88.

韩致文，王涛，董治宝，等 . 2004. 风沙危害防治的主要工程措施及其机理 [J]. 地理科学进展，23（1）：13-21.

侯浩波 . 1999. AS 耐水土壤固化剂及其应用 [J]. 新技术新工艺（5）：30-31.

胡宏飞 . 2003. 引水拉沙造田及土壤改良利用技术 [J]. 中国水土保持，9：31-32.

胡培兴 . 2002. 中国沙化现状及防治对策浅谈 [J]. 林业建设，6：3-9.

胡英娣 . 1997. 几种化学固沙材料抗风蚀的风洞实验研究 [J]. 生态经济，17（1）：103-105.

来晓燕，张艳华，宋宜诺，等 . 2007. 化学固沙材料的研究现状及进展 [J]，化工文摘，5：46-48.

李骁, 王迎春. 2006. 土壤微生物多样性与植物多样性 [J]. 内蒙古大学学报, 11 (37): 708-713.

李新荣, 张景光, 王新平, 等. 2000. 干旱沙漠区土壤微生物结皮及其对固沙植被影响的研究 [J]. 植物学报 (9): 966-970.

李臻, 王宗玉, 胡英娣. 1997. 新型化学固沙剂的试验研究 [J]. 石油工程建设, 23 (2): 3-7.

梁文泉, 何真, 李亚杰, 等. 1995. 土壤固化剂的性能及固化机理的研究 [J]. 武汉水利电力大学学报, 28 (6): 675-679.

刘健华. 1995. 我国飞播造林种草治沙的成就及其发展前景 [J]. 当代生态农业, 3 (4): 36-41.

刘瑾, 陈晓明, 张峰君, 等. 2002. 高分子土固化剂的合成及固化机理研究 [J]. 材料科学与工程, 20 (2): 230-234.

刘瑾, 张峰君, 陈晓明, 等. 2001. 新型水溶高分子土体固化剂的性能及机理研究 [J]. 材料科学与工程, 19 (4): 62-65.

刘全友, 童依平. 2003. 北方农牧交错带土地利用现状对生态环境变化的影响 [J]. 生态学报, 23: 1025-1030.

卢琦, 杨有林. 2001. 全球沙尘暴警世录 [M]. 北京: 中国环境科学出版社.

卢琦, 刘力群. 2003. 中国防治荒漠化对策 [J]. 中国人口·资源与环境 (1): 86.

陆婉珍, 袁洪福, 徐广通. 2000. 现代近红外光谱分析技术 [M]. 北京: 中国石化出版社.

吕世海, 卢欣石. 2006. 呼伦贝尔草地风蚀沙化植被生物多样性研究 [J]. 中国草地学报, 28 (4): 6-10.

马世威, 马玉明, 姚洪林, 等. 1998. 沙漠学 [M]. 呼和浩特: 内蒙古人民出版社.

孟庆杰, 许艳丽, 李春杰, 等. 2008. 不同植被覆盖对黑土微生物功能多样性的影响 [J]. 生态学杂志, 27 (7): 1134-1140.

裴章勤.1983.沥青乳液固沙试验［J］.中国沙漠，12（2）：35-64.

彭波，李文英，戴经梁.2001.液体固化剂加固士的研究［J］.西安交通大学学报，21（1）：15-18.

彭波，李文瑛，陈忠达.2001.固化剂加固土性能的研究［J］.内蒙古公路与运输，1：27-29.

彭雷.2008.固沙剂P（VAc-BA）的合成及其应用［D］.北京：北京化工大学.

彭雷，张丽丹，韩春英，等.2009.固沙剂P（VAc-BA）的合成及其应用［J］.应用化学，26（2）：14.

石书兵，杨镇，乌艳红，等.2013.中国沙漠、沙地、沙生植物［M］.北京：中国农业科技出版社.

邵玉琴，赵吉.2004.草原沙地微生物结皮与固沙作用的研究［J］.农业环境科学学报（1）：94-97.

铁生年，姜雄，汪长安.2013.沙漠化防治化学固沙材料研究进展［J］.科技导报，31：5-6.

王国强.2009.沙漠化与沙产业［M］.银川：宁夏人民出版社.

王宏兴，王晓，杨秀英，等.2003.多目标决策灰色关联投影法在小流域水土保持生态工程综合效益评价中的应用［J］.水土保持研究，10（4）：43-45.

王银梅.2008.化学治沙作用的机理研究［J］.灾害学，9（23）：32-35.

王银梅，韩文峰，谌文武.2006.新型高分子材料固沙抗冻性能试验研究［J］.中国地质灾害与防治学报，17（4）：145-148.

王银梅，韩文峰，谌文武.2004.化学固沙材料在干旱沙漠地区的应用［J］,中国地质灾害与防治学报，15（2）：78-81.

王银梅，孙冠平，谌文武.2004.SH固沙剂固化沙体的强度特征［J］.岩石力学与工程力学，22（增2）：2883-2887.

温学飞，赵军，包长荣.2014.7种化学固沙剂固化沙体的基本特征［J］.西北农业学报，23（6）：209-214.

温学飞.2014.7种化学固沙剂固结层的基本特征研究［J］.西北农业学报,30（11）：186-190.

温学飞.2010.柠条在生态环境建设中的作用［J］.牧草与饲料,4（2）：3-6.

温学飞,张亚峰.2013.化学固沙剂对柠条出苗影响的研究［J］.宁夏农林科技,54（03）：18-21.

温学飞.2013.主观和客观权重法相结合对化学固沙剂的引进筛选评价［J］.宁夏农林科技,54（2）：91-94.

温学飞,马锋茂.2015.化学固沙剂对退化沙地植物多样性的影响［J］.宁夏农林科技,3：19-21;

卫秀成.2004.化学固沙剂制备与性能研究［D］.兰州：兰州大学.

吴正.2003.风沙地貌与治沙工程学［M］.北京：科学出版社.

吴忠义,张慧芳.2006.红外光谱技术在中药质量控制中的应用［J］.中国药业（3）：60-61.

夏北成,Tiedje J M.1998.植被对土壤微生物群落结构的影响［J］.应用生态学报,9（3）：296-300.

夏北成,Zhou J Z,Tiedje J M.1998.土壤微生物群落及其活性与植被的关系［J］.中山大学学报：自然科学版,37（3）：94-98.

谢龙莲,陈秋波,王真辉.2004.环境变化对土壤微生物的影响［J］.热带农业科学,24（3）：39-47.

徐先英,唐进年,金红喜,等.2005.3种新型固沙剂的固沙效益实验研究［J］.水土保持研究,19（3）：62-65.

严亮,杨久俊.2009.新型化学固沙材料的研究现状及展望［J］.材料导报（3）：51-53.

杨殿林,贾树杰,张延荣,等.2003.内蒙古呼伦贝尔市草业发展对策.中国草地,25（4）：72-75.

杨连清,江泽平.2001.中国沙漠化防治的理论和技术［J］.世界林业研究,14（2）：42-49.

赵正华.2004. 固沙用新材料及野外固沙综合技术研究 [D]. 兰州：兰州大学.

张奎壁，邹受益.1990. 治沙原理与技术 [M]. 北京：中国林业出版社.

张旭东，丁建勋，徐京秀.2010. 基于层次分析法的山东省城市可持续发展评价 [J]. 当代经济 (18)：115-117.

钟德才.1998. 中国沙海动态演化 [M]. 兰州：甘肃文化出版社.

中华人民共和国林业部防治沙漠化办公室.1994. 联合国关于发生严重干旱和/或荒漠化的国家特别是在非洲防治荒漠化的公约 [M]. 北京：中国林业出版社.

郑华，欧阳志云，方治国，等.2004. BIOLOG 在土壤微生物群落功能多样性研究中的应用 [J]. 土壤学报，41 (3)：456-460.

郑晓翾，王瑞东，靳甜甜，等.2008. 呼伦贝尔草原不同草地利用方式下生物多样性与生物量的关系 [J]. 生态学报，28 (11)：5393-5400.

郑晓翾，赵家明，张玉刚，等.2007. 呼伦贝尔草原生物量变化及其与环境因子关系 [J]. 生态学杂志，26 (4)：533-538.

周明吉，周玉生，孙加亮，等.2012. 我国固沙材料研究及应用现状 [J]. 材料导报，11 (26)：332-334.

朱震达，吴正，刘恕，等.1980. 中国沙漠概论 [M]. 北京：科学出版社.

朱震达，刘恕，邸醒民.1989. 中国的沙漠化及其治理 [M]. 北京：科学出版社.

朱震达.1991. 中国的脆弱生态带与土地荒漠化 [J]. 中国沙漠，11 (4)：11-19.

朱俊凤，朱震达.1999. 中国沙漠化防治 [M]. 北京：中国林业出版社.

Osem Y, Perevol otyky A, Kigel J. 2002. Grazing effect on diversity of annual plant communities in a semi-arid rangeland: interactions with small-scale spatial and temporal variation in primary productivity [J]. Journal of Ecology, 90: 936-946.

Kahmen A, Perner J, Audorff V, et al. 2005. Effects of plant diversity, community composition and environmental parameters on productivity in montane European grasslands [J]. Oecologia, 142: 606-615.

Kanhmen A, Perner J, Buchman N. 2005. Diversity dependent productivity in semi - natural grassland following climate perturbations [J]. Functional Ecology, 19: 594-601.